U0608878

全民阅读·经典小丛书

卡耐基
人性的优点

KANAIJI RENXING DE YOUDIAN

冯慧娟 编

 吉林出版集团股份有限公司

版权所有　侵权必究

图书在版编目（CIP）数据

　　卡耐基人性的优点 / 〔美〕卡耐基著；冯慧娟编
. —长春：吉林出版集团股份有限公司，2016.1
　　（全民阅读.经典小丛书）
　　ISBN 978-7-5534-9998-7

　　Ⅰ.①卡… Ⅱ.①卡… ②冯… Ⅲ.①成功心理—通
俗读物 Ⅳ.① B848.4-49

　　中国版本图书馆 CIP 数据核字 (2016) 第 031411 号

KANAIJI RENXING DE YOUDIAN

卡耐基人性的优点

作　　者：〔美〕卡耐基　著　冯慧娟　编
出版策划：孙　昶
选题策划：冯子龙
责任编辑：侯　帅
排　　版：新华智品
出　　版：吉林出版集团股份有限公司
　　　　　（长春市福祉大路 5788 号，邮政编码：130118）
发　　行：吉林出版集团译文图书经营有限公司
　　　　　（http://shop34896900.taobao.com）
电　　话：总编办 0431-81629909　　营销部 0431-81629880 / 81629881
印　　刷：北京一鑫印务有限责任公司
开　　本：640mm×940mm 1/16
印　　张：10
字　　数：130 千字
版　　次：2016 年 7 月第 1 版
印　　次：2019 年 6 月第 2 次印刷
书　　号：ISBN 978-7-5534-9998-7
定　　价：32.00 元

印装错误请与承印厂联系　电话：18611383393

前言
FOREWORD

改变千万人一生的一本书
让你更快乐的一本书

在生活中，你是否有过这样的时刻：各种各样的苦恼和问题纷至沓来，使得忧虑就像驱散不掉的乌云笼罩在心头，让你满心灰暗和沮丧，却找不到远离忧虑、开创美好生活的有效方法……

在本书里，卡耐基先生清晰地揭示了忧虑者的生活状态，开出了一系列帮助人们抵御忧虑、获得幸福的"良方"，譬如"不要为小事而烦恼""每天如何多清醒一小时"等。

本书汇集了卡耐基最重要、最生动的人生经验，记录了成千上万人摆脱心理困扰、走向成功的实例。这本书自1948年出版以来，便在全球畅销不衰，它改变了千百万人的命运，因此被誉为"克服忧虑获得成功的必读书""世界励志圣经"。

经典是大浪淘沙后留下的传世真理。卡耐基先生的这本书，通过时间的检验显得愈发光辉无限，

卡耐基人性的优点

可以让你一睹卡耐基先生的思想风采。翻开此书，你的阅读过程会是愉悦的：既能读到大量丰富、鲜活且真实的事例，又能体味作者那风趣、幽默的隽语。

那么，就请从现在开始，拿起它，在阅读中接受成功学大师的指导，在生活中实践他的成功理念。这本充满智慧和力量的书，定能让你充分了解自己、相信自己，发挥人性的优点，进而开发蕴藏在内心深处的宝藏，去开拓成功、幸福之路！

目录
CONTENTS

卡耐基人性的优点

目录
CONTENTS

⫷ 原著序 ⫸

如何从本书中获得最大收益

如果你想最大限度地让这本书对自己起作用，有一个必要条件，这个条件比任何可操作的规则或技巧都更为重要。你若是不具备这个基本的条件，就算是把书倒背如流也无法改变什么。如果你恰好具备此条件，那么几乎用不着书中的这些建议就可以创造出奇迹。

这个条件到底是什么呢？那就是一种深切的、不可遏制的学习欲望，一种渴求增加自身为人处世能力的强烈冲动。

如何才能激发起这种冲动呢？反复提醒自己这些原则对你的重要性。一遍遍设想：若能够真正消化吸收并运用这些原则，你的生活将变得更加多姿；你也会得到更为丰厚的物质享受。不断告诉自己："想要受人欢迎、获得快乐、增加收入，这一切都取决于我待人处世的技巧。"

在读某个章节时，第一遍要快速通读，有个整体印象，不要急于去读下边的章节。如果你本来就是为了消磨时间才读这本书的，则另当别论——但只要你是为了真正想提升自己而阅读的，那么我建议你把通读过的内容重新精读。从长远角度考虑，这才是最有效率的做法。

所谓精读，并不是"埋头苦读"。在阅读过程中，要不时地停下来思考、体会你读过的内容都有些什么意义，并且扪心自问——你将在何时何地，以及具体如何运用书中的每一项建议。

最好手拿一只红铅笔、钢笔之类的，遇到你认为可行的建议时，就在旁边画线做记号。如果是极好的建议，那么就在那些句子下边画出"XXXXX"的符号。边看边做记号的阅读习惯往往会使你获得更多的趣味，也方便你迅速有效地温习，益处多多。

我认识一个保险公司的经理，他在这家规模很大的公司已经干了15年。这些年来他不停地阅读同样的保险单，为什么？因为事实证明，那是使他记住保险单各项条款的唯一办法。

因此，如果你想从这本书里获得效果持久的益处，粗略地通读一遍远远不够。在精读完这本书后，你还需要每月抽出些时间去复习，把它放在案头，时常拿起来翻看。须知，只有恒久的、深入的学习和应用，才能把它们真正纳入自己的世界，成为受用终生的习惯。

你也许很快就会发现，随时随地实施那些建议和原则，不是件容易的事。其实我也有这样的感觉，即使我自身，在实施自己头脑里的那些主张时，也觉得吃力。

这本书可以作为你平日待人处世的手册和宝典，要经常参阅。当你生活中出现一个特殊的问题时——诸如如何教育小孩子、如何使妻子顺从你的意思、如何应对一个气愤的顾客，在这些常会遇到的事面前，要三思而后行，试着去运用那些提议，然后静待奇迹吧。

不妨再加上一本记事簿，把你对原则的实施过程、这前前后后发生的事和引发的感想写成日记，要写得很清楚，把日期、效果和相关人物的姓名都记下来，它可以有效激励你。而多年后你再回首这些日子，那将会多么有趣！

Lesson 1
了解忧虑的来龙去脉

1. 改变人生的 24 个字

最关键的是，做当下最重要的事，而不是忧心缥缈不定的事。

1871 年的春天，对于一个年轻人来说非同寻常。作为即将毕业的蒙特瑞综合医院的医科学生，他内心充满了各种忧虑：如何才能在期末考试中顺利过关？毕业后该去做些什么事情？自己可以大展拳脚的地方在哪？未来如何开创事业？工作如果遇到挫折怎么办？怎样才能维持生活？愁云满面的他随手翻开一本书，映入眼帘的是对他前途有着很大影响的 24 个字。

参透了这 24 个字的年轻医科学生后来成了当时最著名的医学家。他生前创建了誉满全球的约翰·霍普金斯医学院，还获得了当时英国医学界的最高荣誉，那就是被邀请做牛津大学医学院的钦定讲座教授。英王为了奖赏他的功绩，特别授予他爵士头衔。在他死后，人们用两大卷书追述他一生的履历，记满了整整 1 466 页。

这个年轻人就是大名鼎鼎的威廉·奥斯勒爵士。爵士能够无忧无愁地度过一生，多亏了他在 1871 年春天所看到的那 24 个字。这 24 个字为汤姆斯·卡莱里所写："最关键的是，做当下最重要的事，而不是忧心缥缈不定的事。"

时光荏苒，当威廉·奥斯勒爵士为耶鲁大学的学生做讲演，透露他

成功的秘诀时，已是 42 年后，一个温暖的整个校园都弥漫着郁金花清香的春夜。面对耶鲁大学的学生们，爵士吐露心声："可能在你们看来，被四所大学聘为教授，同时又写过一本受人欢迎的书，像我这样的人应该有着'天才的头脑'吧。事实正好相反，我的许多好朋友都评价我'头脑普普通通'。那么成功的秘诀是什么呢？就是生活在'一个完全独立的今天'里。"

什么是"一个完全独立的今天"呢？

原来，早在几个月之前，当威廉·奥斯勒教授乘坐一艘很大的客轮横渡大西洋时，船长站在驾驶舱里按了几下按钮，在一阵机器运转的响声后，船的几个部分立刻就彼此隔开了，分成了几个防水的隔舱，这给教授留下了很深的印象。

奥斯勒爵士对那些学生说："与那条大海轮相比，你们每一个人的身体的构造都要精细得多，人生要走的航程也遥远得多。我想给大家一些忠告，你们也要像这位船长一样，有能力去控制自己生活中的一切，只有在每一个'完全独立的今天'中生活，才能确保航行的安全。在人生航船的'驾驶舱'中，你会发现每一个大隔舱都有各自不同的用途。按下一个按钮，用铁门隔断那些已经过去的昨天；按下另一个按钮，用铁门隔断那些尚未发生的明天。这样做以后，你就安全了，因为你已经拥有了所有的今天。彻底忘记那些已经逝去的过去，切断那些会让你走向毁灭的昨天，如果让明天再背上昨天的重担，这必然会阻碍今天的发展。同时，对待未来也要像对待过去那样，把它彻底地隔断在铁门外。你们的未来就在于每一个今天，一定不要对明天有太多的奢望，即使是拯救人类也要在今天。无益的浪费和精神的抑郁通常如影伴随那些担忧未来的人。那么，就隔断航船前后的船舱吧，让自己去换一种生活的方式，生活在'完全独立的今天'里。"

然而，如果把奥斯勒教授的话理解为人们不必下功夫去准备尚未发生的明天，那就有负教授的一番好心了。他在接下来的讲演中说道："把你所有的智慧和热诚集中起来，去把今天的事情做到至善至美的境地，这才是你迎接下一个'完全独立的今天'的最佳方式。"

奥斯勒爵士建议耶鲁大学的学子们在每天清晨起来时，做如下的祈祷："今天我们将得到今天的面包。"

请注意，这句祷词中并没有抱怨昨天我们吃的是酸面包，仅仅是要求得到今天的面包。也没有说："噢，上帝，天气最近很干燥，田地干枯，可能又会遭遇一场旱灾。到了秋天，我们还能有面包吃吗？"又或者是："万一我失去了工作，又该怎么获得面包呢？"

祷词的寓意很明显，只许人们要求得到今天的面包。实际上，人们也只能吃到今天的面包。

曾经有这样一个古老的故事，发生在很久以前。有一个靠化缘度日的哲学家，来到一处偏僻的乡村，那里的村民生活很艰难。哲学家来到山顶上发表奇谈怪论，很快引起当地人的好奇，围在他身边的人越来越多。这时，他说出了一段人们竞相引用的名言："不要为明天忧虑，因为明天自有明天的忧虑，一天的难处一天受就足够了。"这句话只有 30 个字，却在几百年的口耳相传中，渐渐尽人皆知。

耶稣有言："不要为明天忧虑。"可惜很多人都不相信。很多人把它视为一种神秘之语，还有人认为这纯粹是一句废话。人们总是说："我一定得为明天计划，做好一切准备，为家庭买保险，努力存钱，这样到了年迈无力时就不用担心了。"

当然得为明天着想，谨慎地考虑、周详地计划，但在这过程中不能焦虑。

战争时期的军队领导者必须对未来的战略部署进行谋划，可是他们绝对不能有任何的忧虑。指挥美国海军的厄耐斯特·金恩海军上将说："我把最好的装备都提供给了最优秀的人员，再交给他们一些看起来很卓越的任务。这就是我仅仅能做的。"

上将又说："我无法挽救一艘已经沉了的船，也无法阻止正在下沉的船。我为解决明天的问题而花费时间和精力，要比后悔昨天的问题有效得多。如果总是操心过去的事情，我也将坚持不了多久的。"

无论在特殊的战争时期，还是在平时的生活中，判断一个主意好坏的标准就是：可以考虑到事情的来龙去脉，并在此基础上制订具有针对性计划的则是好主意；而导致一个人紧张，甚至精神崩溃的就可认定其为坏主意。

前一阵，我十分荣幸地拜访了世界著名的《纽约时报》的发行人亚瑟·苏兹柏格。苏兹柏格先生告诉我，当第二次世界大战的硝烟弥漫在欧洲上空时，他非常震惊，对未来的担忧使他寝食难安。半夜时，他经常从梦中惊醒。起床后，他看着镜子中的自己，手里拿着画笔和颜料坐在画布前，想给自己画一张像。虽然对绘画一窍不通，但是为了缓解心中的焦虑，他还是坚持画着。画完之后，他从一首赞美诗中选出了"只要一步就好了"这七个字来做自己的座右铭，慢慢地消除了忧虑，获得了平安。

> 仁慈的灯光，指引我的方向吧……
> 让你常照亮在我的足前，
> 远方的风景不是我想看的，
> 只要一步就好了。

精神或神经上有问题的人占据了医院里的大半床位，这是目前最让人恐怖的生活问题，其病因不外乎过去的积郁和对未来的恐慌的双重重压。其实他们只需要记住一句话——耶稣的"不要为明天忧虑"，或者奥斯勒教授的"生活在完全独立的今天里"，就都能无忧无虑地在街上散步，过着快乐、健康的生活了。

不论是谁，当前的一刹那，都只能生活在两个无尽的接头处：一个是已逝的无尽的过去，一个是没有尽头的未来。不要在不属于现在的过去和未来中浪费一秒钟，那对于我们的身心有害无益，我们应该选择禅味十足地活在当下。罗勃·史蒂文森曾经告诉我们："生命的真谛就在于，每一天，不须计量任多重，每个人都能迎来温柔的夜；也不须计量道多远，每个人都可以信心十足地坚持到晚霞满天的美妙时刻。"

生活仅仅只要求我们做到这样，"只要生活到上床为止"。杰尔德太太住在密歇根州沙支那城法院街 815 号，她在没有认识到这一点的时候，感到极度的沮丧，以致想用自杀来结束自己的一生。

她把年轻时的经历告诉了我："在我的丈夫 1937 年去世时，我觉得非常沮丧，而且几乎穷得无法生存下去。我写信给堪萨斯城罗浮公司的老板里奥罗西先生——他曾经是我的老板，我请求他让我回去做从前向学校推销世界百科全书的工作。要知道，我的丈夫在两年前生病时，我卖掉了汽车。所以，为了重新开始工作，我勉强凑足钱，用分期付款的方式买了一辆旧车，然后重新开始出去推销书了。

"我以前考虑，重新开始工作有助于开拓一个新环境，从而摆脱过去的忧愁。但我无法忍受总是一个人开车、吃饭的孤苦伶仃的生活。同时由于在某些学校我的图书滞销，造成收入极不稳定，本不太多的购车分期付款也就难以如期支付。

"1938 年，春雨淅沥，我到密苏里州维沙里市推销我的世界百科全书。那个城市里的学校十分破旧，道路又很难走。我一个人十分孤独和沮丧，以致自杀的念头产生后竟挥之不去。我特别深刻地体会到成功根本就是幻影，生活是毫无乐趣的牢狱。每天早上醒来后想想一天将要面临的生活就底气不足。我害怕很多事情：害怕无法按时缴纳分期贷款，害怕交不起房租，害怕食品不够吃饱，怕身体生病而没有钱去看医生。我很挂念我的姐姐，并担心她会因为我的自杀而悲伤，更何况她没有力量支付我的丧葬费用，而这应该是我没有自杀的原因吧。

"有一次，我读到了一篇文章，它使我一洗往日的颓废，重新鼓起了希望的风帆。我将永远感激那篇文章中的一句振奋人心的话：'对于一个聪明人来说，每一天就是一次自我的新生。'我把这句话打印在纸上，贴在汽车的挡风玻璃上，这样我在开车的每时每刻都能够看见它。我发现每次只生活一天并不困难，我学会了遗忘过去，不再担忧未来。在每天清晨起床时，我都面带微笑对自己高呼：'今天又是一个自我的新生。'

"这样做以后，面对孤单和物质的贫乏，我不再忧虑，反而像整个身心被净化了一样变得非常愉快。对生命充满了企盼和热爱的同时，我的工作也顺利起来了。我现在明白了，不必再害怕生活中出现的任何问题了。我现在还知道，我也不必惧怕未来可能会出现的情况。现在的我每一次只要活一天，而'对于一个聪明人来说，每一天就是一次自我的新生'。"

我认为人类最悲哀的事情就是我们所有的人都不去积极地投入生活，而总是在等待、拖延。我们向往着天边有一座美妙的玫瑰园，却对每天都会开放在我们窗口的玫瑰视而不见。

我们怎么可以变成这种可怜的傻子呢？

　　史蒂芬·里高克提笔写道："这是多具讽刺性的生命历程啊！小孩子们常说：'等到我变成大孩子之后……'结果又怎样呢？大孩子们常说：'等到我成为大人后……'当他们真的长大时，他们又说：'等我结婚以后……'就算结了婚又怎样呢？慢慢地，他们的想法又变成了'等我退休以后'。然而，退休之后，当他们回首所经历的一切，像是过眼的云烟。不知道为什么，错过了所有的东西。遗憾的是，我们不能早早领悟：生命的真谛就在生活之中，就在每天的每时每刻之中。"

　　小时候读的童话中白雪公主说过一句话，聪明的你应该不会忘记："这里的规矩是，昨天可以吃果酱，明天可以吃果酱，但今天不可以吃果酱。"我们中的大多数人也是如此，一直在担忧昨天和明天

的果酱，却不愿意在现在吃的面包上涂上今天的果酱。

伟大的法国哲学家蒙田甚至也犯过同样的错误。他说："我曾经担心生活充满了可怕的不幸，但那些不幸大部分从未发生过。"我和你的生活也不例外。

但丁曾说："想一想吧，这一天永远不会再回来了。生命正在飞速地从我们身边溜过，唯有今天才是最值得我们珍惜的时间。"

劳费尔·汤玛斯的想法也是这样。最近，我在他的农场里度过了一个周末。他挂了个镜框在他电台的墙上，镜框里面写着这样的诗句：

这是耶和华神订约的日子，

我们在这天要高兴欢喜。

约翰·罗金斯在桌子上放了一块上面刻着"今天"两个字的石头。我没有在书桌上放石头，不过我的镜子上倒是贴着一首隽永的小诗，这让我每天早上在刮胡子时都能看到，这也是奥斯勒教授常常放在他桌上的那首。作者是颇负盛名的印度戏剧家卡里达沙：

向黎明致敬

看着这一天！

因为它就是生命的源泉。

············

昨天变化如梦，

明天幻化不真。

但生活在今天，

却能使昨天是快乐的梦，

明天变成有希望的幻影。

好好看着这一天吧，

你要这样向黎明致敬。

　　如果想让自己的生活从此远离忧虑的打扰，你就应该像奥斯勒教授所说的那样："用铁门把过去和未来隔断，生活在完全独立的今天。"

　　现在请扪心自问，并从心底逐一给出答案。

　　1. 我是否忘记了生活在今天而只去担心未来？我是不是一味地去追求所谓的"遥远美妙的玫瑰园"？

　　2. 我是不是常常为过去的事情后悔，而让今天过得更加难受？

　　3. 我早晨起床的时候，是不是已经决定去"抓住这 24 小时"？

　　4. 如果"生活在完全独立的今天"，这是否能使我从生命中得到更多东西？

　　5. 我应该什么时候开始这么去做，下星期、明天，还是此刻？

2. 消除忧虑的"万能公式"

这个公式曾让一个带着棺材旅行的、接近死亡线的病人起死回生并增加了近40公斤的体重。

现在你是不是很想寻找到一个可以快速有效地消除忧虑的办法呢？也许那是简单到只需浏览几页书就可以掌握并迅速实施的方法。

如果你的答案是肯定的，我会向你推荐威利·卡瑞尔所创造的办法。卡瑞尔是世界闻名的卡瑞尔公司的经理，他一手开创了空调制造行业，同时也是一名聪明的工程师。在纽约的工程师俱乐部，我和他共进午餐时，他亲自传授给了我这个办法。

卡瑞尔先生说："我年轻的时候在纽约州水牛城的水牛钢铁公司工作。有一天，我要去匹兹堡玻璃公司的下属工厂安装瓦斯清洗器，工厂位于密苏里州的水晶城。由于我们对这种新型机器没有深入掌握，开始时遇到了许多意想不到的难关。但是经过我们的认真调试之后，所有难关总算一个个被克服了。机器虽然可以正常运作，但是距离我们预期达到的性能目标仍然有很大差距。

"这样的失败好像让我挨了闷棒似的，我很难让自己接受，从此在很长一段时间里跌入了无底的深渊。心理问题最终以肚子疼痛症状的出现而变成生理问题，让我无法入睡。最终，我认为不能再这样持续下去了，忧虑对我的现状没有任何的改变。于是我便想出了一个办法，它出乎意料地有效，并让我一用就是 30 年。这个方法主要有三个步骤，任何人都可以很简单地使用它。

"第一步，我很平静并仔细地去分析我会面对的最差的结果：一旦这项工作失败，会给我的老板造成 20 000 美元的损失。而对于我来说，则可能会被开除，但肯定没有人会把我抓起来或者枪毙掉。

"第二步，我说服自己去接受这个最差的结果。我对自己说，在我的工作经历上会有一笔不光彩的记录，但这可能并不会对我寻找新的工作造成很大的影响。对于我的老板来说，20 000 美元就当他交了试验费吧，我想他也是能承受得起的。当我让自己可以接受最差的结果之后，我整个人完全地放松了下来，以一种平静的心态面对接下来的事情，这种平静是很长时间以来不曾有过的。

"第三步，我开始为了去努力改变最差的结果而全身心地投入我的时间和精力。我努力地寻找办法来尽可能地减少损失，在几次试验之后，我发现还需要 5 000 美元的辅助设备就可以解决目前所遇到的难题。不出所料，在采取了这些措施之后，公司不仅避免损失先期投入的那 20 000 美元，还赚了 15 000 美元。

"当时的我如果再继续忧虑下去的话，那么就绝对不会有这种结果了。忧虑最糟糕的影响就是会扰乱人的思维，让人失去本有的能力。当我们能够接受最差的结果，放松了心态之后，才能集中精力去处理所遇到的难题。这件事已经发生很久了，自那以后我一直在使用这种行之有效的方法。这样一来，我的生活逐渐远离了忧虑。"

是什么原因让卡瑞尔的方法这么具有实用价值呢？从心理学的角度来看，这个方法能够让人从彷徨的迷雾中走出来，让我们扎根于坚实的大地。如果我们没有坚实的落脚点，那么根本没办法处理好任何事情。

已经去世30多年的应用心理学之父威廉·詹姆斯教授如果能听到今天的这个解决问题的公式也定会大为赞赏的。他曾说："只有接受既成事实，才有能力去克服紧接着到来的任何不幸的第一步。"

颇受好评的《生活的艺术》一书中也有一段同样的话："心理上的平静能顶住最坏的境遇，能让你焕发新的活力。"

这句话说得太正确了。当我们接受了最差的结果之后，也就没有什么可以损失的了。这就是说，我们有希望拿回失去的一切。但并不是每一个人都这么去想，在生活中还有为数不少的人因为拒绝接受最差的结果，而彻底葬送了自己的生活，并且也不愿意尽可能地挽救正在造成的损失。他们不仅没有开始崭新的生活，甚至成了抑郁症患者。

现在的你是不是很想知道一些具体运用卡瑞尔公式的例子呢？

1948年11月17日，在波士顿史蒂拉大饭店里，一直住在麻省曼彻斯特市温吉梅尔大街52号的艾尔·汉里向我讲述了他自己的故事："二三十年前，我因为过度忧虑得了胃溃疡。终于有一天晚上，我的胃严重出血了，被送往芝加哥西比大学的医学院附属医院接受治疗。我的病严重到了医生连头都不许我抬的地步，体重也从先前的170磅跌到了90磅。医生们都认定我的病没有办法医治了。每天，我只能吃苏打粉，每小时吃一匙半流质的东西。每天早晚为了治疗的需要，护士都要把一条橡皮管插进我的胃里，好把里面清洗干净。

"这种情况持续了好几个月，最后，我对自己说：'去做些什么吧，汉里。如果你除了等待死亡之外，没有其他任何希望的话，不如充分利用你剩下的时间。如果你现在还一直想满足以前没有实现的渴望——在死前周游世界的话，那么也只有现在去做了。'

"当我向我的那几位医生说出了我要去周游世界的想法时，他们十分惊讶，并认为这是天方夜谭。他们警告我，说他们从来没有遇到过这样的事情，如果我真的去周游世界，那么就只有把骨灰撒在海里了。我说：'不，不会像你们说的那样，我要葬在雷斯卡州我自己老家的墓园里。这话我已经告诉过我的亲友了，为了预防不测，我打算随身带着棺材。'

"我真的去买了一具棺材，并把它带上了船，然后和轮船公司协商好，如果我死了，就请他们把我的尸体放在冷冻室中，直到运回我的老家。我在心中默念着奥玲凯立的那首诗，就这样踏上了旅程：

啊，在我们零落为泥之前，
岂能辜负这一生的欢娱？
物化为泥，永寐于黄泉之下，
没酒、没弦、没歌伎，并且没有明天。

"在洛杉矶，当我登上亚当斯总统号轮船向东方起航时，我已经感觉身心轻快了很多。慢慢地，我不用再吃药，也不用洗胃了。再后来，我可以吃任何食物了，甚至包括许多具有当地特色的风味小吃。这在别人看来也许是会让我送命的。在航程过了几个星期之后，我竟然能够去享受长长的黑雪茄，并去品尝美酒了。这样的乐趣是我多年来从未享受到的。我们在印度洋上遭遇了季节风暴，还在太平洋上遇到了台风。虽然这些听起来都很让人恐惧，但我却从这次冒险的经历中得到了很大的乐趣。

"我在轮船上玩游戏、唱歌、结交新的朋友，兴致来时常常从傍晚聊到半夜。航行到了某个国家之后，我发现和自己回去后要处理的个人琐事对照起来，在一些地区看到的贫困和饥饿的问题更为严重，而我不过是'身在福中不知福'。当我把那些无关的忧虑都抛却之后，感觉十分舒服。当结束了这次旅行，回到美国之后，我几乎完全忘记自己曾患过胃溃疡，体重也增加了90磅。在我的一生之中从未经历过如此快乐又健康的时光。"

艾尔·汉里对我说："我发现自己在不知不觉中运用了威利·卡瑞

尔克服忧虑的办法。

"第一步，我问自己：'可能面临最差的结果是什么？'答案是：死亡。

"第二步，我准备好去面对死亡，因为我别无选择，也只能这样做。我的几个医生都对治愈我失去了信心。

"第三，我尽量让自己做些事情来改变第二种情况。办法就是：'尽量享受剩下的这一点点时间。'如果我在开始航程后，继续被忧虑所困扰，那么毫无疑问，这次旅行结束后我会躺在棺材里面。但我并没有那么做，我忘记了所有的不愉快，彻底地放松自己，而这种心理上的释放，激发出我体内新的活力，从而挽救了我的生命。"

所以，第二条规则是：如果你有忧虑，就应该去用威利·卡瑞尔的万能公式来完成下面的三件事：

1.问你自己："可能发生的、最差的结果是什么？"

2.如果你不得不去接受这个最差的结果，你就做好准备去迎接它。

3.冷静地思考，并尽最大的努力去改善最差的结果。

3. 掀开忧虑的神秘面纱

假如把被忧虑浪费掉的时间和精力用于理智客观地分析事实的话，那么智慧的光芒必将穿透忧虑的迷雾。

应该承认，威利·卡瑞尔的万能公式并不能解决世上所有的忧虑，在一些特殊的忧虑面前，万能公式也无能为力。

那么我们应该如何去做呢？按照以下三个基本的分析问题的步骤去做，就可以帮助我们来应对难度更高的困境。

1. 弄清事实。

2. 分析事实。

3. 做出决定，果断执行。

这么听起来是不是太简单了？但这是亚里士多德教导我们的，而且是他在实践基础上总结的智慧。我们必须学会，并运用它来解决那些困扰我们、使我们如同生活在地狱般痛苦的问题。

首先看第一条：弄清事实。为什么把它排在首位呢？这是因为，弄清事实是我们理智地解决问题的前提。已故的郝伯特·赫基斯是哥伦比亚大学哥伦比亚学院的院长，曾经帮助过20万名学生消除忧虑症状，他说过："如果看不清楚事实，那么我们就只能在混乱中徘徊。产生忧虑的主要原因就是混乱。世界上大多数的忧虑的产生，主要是因为很多人的知识水平没有达到足以解决它的程度。例如，我必须在下星期二之前解决一个问题，那么我根本不会在这个时间前做出任何决定。我会在接下来的时间里，集中精力去弄清这个问题的相关事实，这么做了之后，我就不再去忧虑，也不会失眠了。等到那天来到的时候，问题将会随着我弄清楚的所有相关的事实而得以顺利解决。"

但是我们中的大多数人是怎么做的呢？假设我们认定"2+2=5"的话，那么，这不是连做一道小学的算术题目都很困难吗？这样离奇的执着却是很多人的通病，他们顽固地坚持说"2+2=5"，或者是等于500。这么一来，为了没有意义的问题而争论，使自己和别人都没有好日子过了。

面对这种状况，我们能做什么呢？我们需要抽掉思想之中的感性成分，必须像赫基斯院长所说的那样，以"坦然、客观"的态度去看清事实。人们的忧虑常常会引起情绪激动，不过，下面的两个办法有助于我们以超然、客观的态度看清面临的问题。

1.我可以在收集事实的过程中，假装是在为别人收集，而不是为自己。这样就可以帮助自己控制情绪，并保持坦然、客观的态度了。

2.除了收集有关忧虑的各种事实，在这个过程中，我也收集我不愿意面对的和一些不利于自己的事实。

接下来，我用笔把这两极的事实都写出来，而真理之光就在两极之间闪耀。

我要说明的关键也是这一点。在对问题没有深入了解的情况下，不要说你和我，就是动用爱因斯坦智慧的脑袋，甚至集中美国最高法院所有人的智慧，也无法对任何问题做出很好的决定。伟大的发明家爱迪生深谙此道，他把自己所面临的各种各样的问题都写入2500本笔记里，这是他留给我们的另一笔宝贵的财富。

因此，解决我们面临的忧虑的首要办法是：弄清事实。只有以客观的态度收集到了全部的事实以后，才可以去考虑解决问题的方法。

依我个人的经验，在进行分析之前，把全部收集到的事实写下来，再去分析就容易多了。事实上，把所有问题在纸上清清楚楚地写出来，对我们做出一个正确的决定就已经很有帮助了。这一点正如查尔斯·吉特林所说的那样："只要能把问题讲清楚，问题就已经解决了一半。"

请看下面的这个例子，故事的主角格兰·里区菲是一个在远东地区非常成功的美国商人。1942 年，里区菲先生正在中国，而日军在此时入侵了上海。他对我说："轰炸珍珠港后不久，日军就占领了上海，我当时在上海亚洲人寿保险公司担任经理。日军派一个海军上将来做所谓的'军方的清算'，他命令我协助他清算我们的财产，而且威胁我说，要么就和他们合作，要么就是死路一条，我别无选择。

"在那种危险的情况下，我只有俯首从命。但是，有一笔 75 万美元左右的保险费，由于它是用于香港公司，与上海公司的资产没有关系，所以在要交出去的清单上我没有把它填上。虽然如此，我还是担心日本人会知道这一点，那样我的处境就会很危险。不出所料，他们很快就发现了这一点。

"当他们发现这件事情的时候，我并不在办公室中，我的会计主任向我描述了当时的状况：那个日本海军上将大发雷霆，拍着桌子骂我是个强盗、叛徒，说我的行为侮辱了日本皇军。我听到这里，很清楚这是什么意思，这可能意味着我会被抓进宪兵队。

"宪兵队是日本秘密警察动用刑罚的地方。我有几个朋友宁愿去死也不愿意被送到那个地方去。有些朋友在十天审讯的过程中受尽酷刑，然后不明不白地死在里面。而现在，等待着我的也是那个鬼地方。

"我是在星期天的下午得知这个消息的，当时心中立刻充满了紧张和恐惧。好在这些年来，当我忧虑不安的时候，我总是在打字机前打下两个问题和答案：

1. 我在担心什么？

2. 我该怎么去做？

"以前我只会在心里暗暗筹划，不会把答案写下来。后来我发现当它们变成白纸黑字时思路会更加清晰。于是，那天下午，我在上海基督教青年会，也就是我的住处，用打字机写下：

1. 我在担心什么？

我担心明天早上会被抓进宪兵队。

2. 我该怎么办呢？

"这个问题我用了好几个小时来思考，最终，我列举了四种最有可能采取的对策和带来的结果。

1. 可以主动向日本海军上将解释这件事情。但由于他'不懂英文'，如果让翻译去向他解释，只会加重他的愤怒，这样会导致上门送死的结果。

2. 可以逃走。这点是行不通的，如果被他们抓住的话，很可能会被马上枪毙。此外，我也不可能逃出他们严密的监视。

3. 可以消极地留在住处不去上班。可是这样一来，很可能将会引起那个海军上将的疑心，也许他会派宪兵来抓我，到那时，我根本没有任何解释的机会，就会被直接抓进宪兵队去。

4. 可以在星期一早上一如既往地去上班。很可能那个海军上将因为其他事情的忙碌而忘掉了那件事；即使他还记得，也可能经过冷静的思考而不再找我的麻烦了。假设遇到了最糟糕的情况，他来责骂我，我仍然还有解释的机会。

"经过冷静的思考之后，我下决心采用第四种对策，也就是像平常一样去上班。确定以后，我长长地舒了一口气。

"星期一早上，当我走进办公室时，那位日本海军上将叼根香烟，坐在那里。他如平常一样看了我一眼，没说一句话。当他一个多月后被调回东京时，我的忧虑也就结束了。

"最终安全地渡过这场危机，全部的功劳都在于星期天的下午，我坐在打字机旁所写出的四种可能的行动和后果，以及经过冷静思考后做出的决定。假如当时我有丝毫的犹豫不决、心慌意乱，稍有不慎就会走错关键的一步，那位日本海军上将很可能因为我那满脸的惊惶和愁容而疑心大增，从而推动他采取行动。"

采取以下四个步骤，具有除去 90% 忧虑的功效：

1. 清楚地写下我所担心的是什么。

2. 明确地写下我能去做什么。

3. 认真思考后决定该怎么做。

4. 马上就按照决定好的去做。

格兰·里区菲诚恳地告诉我：正是这种分析忧虑、正视忧虑的方法才使他能平安地渡过危机。

为什么他的方法这么有效呢？因为这四个步骤很有针对性，并且能直达难题的要害。其中又以第三步最重要、最不可或缺，那就是认真思考后决定该怎么做。除非我们能够立刻行动，否则我们用于收集事实和冷静分析的精力就完全白费了。

威廉·詹姆斯曾说："只要做出了决定，就要在第一时间去实施，并且完全不要理会责任和考虑后果的问题。"（在这种情形下，他肯定把"考虑"等同于"焦虑"了。）他要表达的是：只要你在事实的基础上做出了一个非常谨慎的决定，就要马上把这一决定付诸行动，不要重新再去考虑，不要怀疑、忧虑和犹豫，也不要再向后看。

后来，我特意去访问俄克拉荷马州最成功的石油商人怀特·菲利浦。在谈到该如何把决定付诸行动的时候，他说："我认为，如果不停地思考问题并超出了特定的限度以后，必然会带来忧虑和迷茫。当收集分析和思考开始低水平重复的时候，就是我们该下定决心去行动的时候。"

聪明的你何不马上利用格兰·里区菲的方法来解除你目前的忧虑呢？

1. 我在担心什么？

2. 我有哪些选择？

3. 我决定后该怎么做？

4. 我什么时候开始做？

Lesson 2
告别内心忧虑的 6 种方法

1. 让自己忙个不停

不知大家发现没有，在图书馆和实验室做研究的人，几乎没有因为忧虑而导致精神的大厦垮掉的，不是他们有多么坚强，而是他们没有时间去享受"忧虑"这种高级的"奢侈"品。

我创办的培训班上，有名学生叫马利安·道格拉斯，他告诉我他家里曾经两次遭受不幸。他非常钟爱的女儿在 5 岁时夭折了，夫妻俩被残酷的命运打击得垂头丧气。祸不单行，十个月后他们生下的第二个女儿只活了 5 天又告夭折。

连失两个孩子的痛苦让这位父亲濒临崩溃的边缘，他说："我受到命运致命的一击，没有信心再活下去了。那时夜不成眠，胃口大失，安眠药和旅行对我都毫无用处，仿佛有一把无形的大钳子，把我的身体越夹越紧。

"感谢上苍，万幸的是，还有一个 4 岁的儿子陪在我身边，是他让我找到了解决问题的办法。那是一个下午，我兀自难过，儿子反复央求说：'爸爸，你给我造一条船好不好？'我哪里有兴趣弄这个啊！但小家伙缠人的功夫蛮厉害，我只好顺着他。

"当我弄好那条玩具船后，才发现已经过去整整三个小时。这三个小时，使我这么多天来第一次知道了什么是真正的放松。

　　"一事点醒梦中人，谢天谢地，我终于可以集中精力去开动脑筋了，对于过去的几个月来说，这是第一次。这让我醒悟过来，假如一个人忙于需要动脑筋才能解决的事情，可以说你根本无法再去忧虑。假如忧虑是泛滥的洪水的话，这条玩具船帮我在堤岸上撞开了一个缺口，将我的忧虑泄掉了。

　　"当次日夜幕降临后，我积极地行动起来，我把每一个房间重新打量一番，发现问题不少，单是需要修理的东西就有书架、楼梯、窗帘、门把手、门锁、水龙头……半个月内，我列出一张清单，上面竟有 242 件早就该做的事情。

　　"此后我的生活中充满了各种有趣味有创意的活动：一个星期我总要花两个晚上参加纽约市的成人教育班；平日我会主动参与我所在的小镇上的活动；我还是在任的校董事会主席，此外还帮助红十字会或者其他福利机构的募捐。我成了一个整日东奔西走的大忙人，忙得简直没有时间忧虑。"

　　"没有时间忧虑"，这可是英国的首相丘吉尔在二战中说的话，当时他每天要工作 18 个小时。有人问他，肩上背负的责任那么沉，你不忧虑吗？这位首相说："我太忙了，根本就没时间忧虑。"

　　著名的科学家巴斯特说过："图书馆和实验室让人心灵平静。"这两个地方的确是躲避忧虑袭击的安全港湾，因为人们专心致志工作时常常忘记自己的存在。研究者的确很少有精神失常的，因为他们没有时间来享受"奢侈"的忧虑。

　　这是心理科学上最基本的一条公理：任何一个聪明人，想在同一时间思考两件或两件以上的事情，都是不可能的。现在你就可以试试，坐在椅子上闭上双眼，然后同时思考自由女神和明天早上你的计划。

很快你就会发现，你只能轮流思考两件事，但同时思考两件事却万万不能。以此类推，情感也必然类同，譬如说当内心充满激动热切的情感时，忧虑的情感必然会被晾在一边。也就是说，我们的思想是一个战场，在一种情感占上风时，另一种情感必然就占下风。心理治疗专家利用这种简单的公理，就能在军人的心理治疗中创造出种种奇迹。

"心理上的神经衰弱症"是刚下火线的人最易患上的一种心理疾病，军医就采取"让他们忙着"来治疗。在睡眠的所有时间外，让他们分分秒秒都有事可做——钓鱼、打猎、打球、拍照、种花以及跳舞等，这样他们就没有时间去回忆战场上出生入死所受到的惊吓了。

"工作疗法"是在近代心理治疗中产生的一个术语，意思是工作可以成为治病的灵丹妙药。公元前 500 年的古希腊医生就使用了这种方法。

费城教友会也尝试过这种办法，那还是在富兰克林时代。在教友会的疗养院，医务人员让那些有精神病的病人忙着纺纱织布，1774 年有人去参观后觉得难以置信，他认为这是院方在虐待病人。教友会代表人士赶紧解释说，工作对于神经有镇定作用，病人如果有工作可做，病情才会出现转机。

闲暇的头脑就像真空。这时，忧虑、惧怕、憎恨、嫉妒和羡慕等情绪就会无缝不入，平静、快乐等健康的情感就会被挤走。

很多人都是这样的，在紧张的工作中忙得像陀螺一样快速转动，忧虑无缝可入。反倒是下班之后，本该我们自娱自乐的时间，忧虑的恶魔却开始向我们疯狂进攻。此时，我们的心像把握不住似的忐忑：生活中有哪些事使我们比较有成就感？今天工作有没有进入状态？老板今天说的那句话是否有"言外之意"呢？或者，我们的头发快要掉光了……

就这一点来说，哥伦比亚师范学院教育学的教授詹姆斯·马歇尔深有体会："忧虑最能伤人的时候，不是在人最忙碌的时候，而是在无所事事的悠闲时光中。这时你的思维开始混乱，一些芝麻小事都会被你扯得比天还大。这时的思想就像一辆没有货厢的车子，一阵乱窜，直至把自己也撞成碎片方肯罢休。让自己忙着干任何有意义的事情，就是抗拒忧虑的最好办法。"

这个道理不一定要等到做大学教授才明白，一般人也会本能地运用

它。二战时，我和一对家住芝加哥的夫妇共坐一车。两口子告诉我说，珍珠港事变的第二天儿子就参加了陆军。因为担忧儿子的生命安全，那位夫人几乎因此损害了自己的身体健康。

这引起我的好奇，于是我问她："后来呢？你是怎么克服忧虑的？"她告诉我说："我让自己忙碌着。"一开始她想让自己忙家务，所以把女佣辞退了，可是没什么效果。"原因就出在，机械化的家务活根本不需要动脑。即使一边铺床或者洗碟子，我还是一样处在忧虑状态中。我觉得，找一个可以让自己全身心忙碌的工作，才能摆脱这种忧虑的缠绕，所以我做了一家百货公司的售货员。"她提升了语调说，"这下可好了，挤在我四周的全是顾客，他们问价钱、尺寸、颜色等各种各样的问题，这样我就没有机会去想别的事。下班回来，让双脚好好休息一下就算是我最大的愿望了，根本不再有时间和体力去忧虑。"

约翰·考伯尔·伯斯的《忘记不快的艺术》这本书中说："能使人们在工作时精神镇定的是舒适的安全感、内在的宁静和因快乐而反应迟钝的感觉。"

奥莎·强生可算得上世界最著名的女冒险家了。她在 15 岁时就做了别人的新娘，以后的 25 年来，她与丈夫到世界各地做生态旅游，把亚洲和非洲那些濒临绝迹的野生动物的现状拍成影片。9 年前当他们重回美国时，每到一处，他们都必做旅游演讲和放映他们那些有名的电影。不幸的是，在他们自驾飞机飞往西岸时，机体与山体发生碰触，丈夫在事故中当场死去，她也被医生断定永远下不了床。但仅仅 3 个月之后，她又开始坐着轮椅发表演说。当我问她为什么这样做的时候，她坦言："演说让我没有时间再去悲伤和担忧，这就是我要这么做的原因。"

这里再举《生活的条件》一书以做证明。该书作者是已故的原哈佛大学医学院教授查·柯波特，他在书中写道："以医生的眼光，我很高兴看到工作可以治疗病人。由于过分恐惧、迟疑以及踌躇而产生的病症，完全可以用工作带给人们的勇气来治愈。假如我们不在忙碌的状态中，而是处于无所事事的状态，这时达尔文先生所说的胡思乱想的东西就会产生。它就像传说中的妖精，扰乱了我们的思想，瓦解了我们的意志。"

著名作家萧伯纳有一句话说得很好，他说："让人愁苦有一个秘诀，就是留出空闲时间来想想自己到底活得快不快乐。"不必想这个问题，忙碌起来吧！血液会因此更加欢快地流淌，思想会因此变得活跃。最好让自己不停地忙着，这可能是世界上价格最低并且不会产生副作用的药物。

要下决心改掉忧虑的习惯，第一条规则是：

让自己忙个不停。

忧虑成瘾的人一定要把自己泡在工作当中，否则就只有在悲愁的苦海里挣扎。

2. 不要为小事而烦恼

人生在世不过茬苒几十度春秋，但却要浪费很多时间为那些一年之内就会忘记的小事犯愁。

下面是个真实的故事，但你可以当成戏剧看，讲述人是罗勃·摩尔。

"我一生中最重要的经验，是 1945 年 3 月，在中南半岛附近海域 276 英尺深的海下取得的。那时，正在一艘潜水艇上工作的我们，从雷达上发现了由一艘驱逐护航舰、一艘油轮和一艘布雷舰组成的日军航队正朝我们开来。我们发射三枚鱼雷过去，一枚都没有命中。突然，那艘布雷舰直朝我们开来（是一架日本飞机用无线电把我们的位置通知了它）。艇长赶紧把我们的潜水艇潜到 150 英尺深的地方以免被布雷舰侦知，同时还关闭了整个冷却系统和所有的发电机器，为应付深水炸弹做准备。

"仅仅过了 3 分钟，随着一阵巨响和剧烈的振动，6 枚深水炸弹在四周炸开，我们的潜水艇被压到海底 276 英尺的地方。整整 15 个小时，敌舰不停地投下深水炸弹。在离我们 50 英尺左右的地方爆炸的炸弹就有 10 到 20 枚的样子。只要深水炸弹距离潜水艇不到 17 英尺，潜水艇就会被炸出一个大洞来。那时我们奉命静躺在自己的床上以便保持镇定。我吓得呼吸困难，不停地对自己说：'这次必死无疑……'潜水艇内的温度大约超过了华氏 100 度，可我却吓得打冷战，背上一阵阵冒冷汗。在这 15 个小时过去后，我感觉好像过了 1 500 万年。过去的生活像电影一样在眼前浮现，平生做过的所有坏事和曾经担心过的一些鸡毛蒜皮的小事历历在目：房子没有钱买，车没有钱买，妻子的好衣服没有钱买；下班回到家里，为一点芝麻小事常常和妻子吵架；不仅如此，我还为我额头上因车祸留下的一个小疤发过愁。在生命受到深水炸弹威胁的时刻，许多年前那些令人发愁的事显得多么荒谬可笑，它们简直不值一提。所以我对自己发誓，如果还有机会活着出去，如果还能看到太阳和星星的话，我永远不会再忧愁了。短短 15 个小时得到的教训，比我大学四年学到的要深刻得多。"

真是这样的，对于生活中那些大的危机，我们常常可以产生巨大的

勇气去面对，但是一些小事却可以让我们垂头丧气。拜德先生也注意到了这一点，对于他手下的人来说，从事危险而又艰苦的工作可以让他们毫无怨言，"但我知道，同住一室低头不见抬头见的朋友之间，却很可能因为别人把东西乱放占了自己的地方，而彼此都不说话。有一个讲究空腹进食细嚼养生的家伙，每口食物都要咀嚼28次。当他进餐时，非得专门找一个位置，直到谁也看不见时他才吃得下饭。"

有婚姻专家预测，在夫妻生活中，造成双方关系不好的原因多半是小事。仲裁过4万多件不愉快的婚姻案件的芝加哥的约瑟夫·沙巴士法官说道："婚姻生活的最终破裂，起因往往是一些芝麻小事。"

刚步入婚姻殿堂的罗斯福夫人曾经因为新厨师的技艺很差而每天忧虑不堪。后来她说："如果生活可以再来一次的话，我只要耸耸肩膀就可以把事情甩到背后。"即使最挑剔的凯瑟琳女皇，面对满桌焦煳的饭菜，也只是一笑了之。

就说我自己吧，就在前不久，妻子和我决定准备一顿晚餐来招待几个朋友。临近客人到达的时间，三条餐巾根本配不上桌布的颜色。后来妻子告诉我："客人都已经到门口了，那合适的三条餐巾却被送去洗了，根本就来不及准备新的。我急得骂自己：'怎么犯了如此一个愚蠢的错误，今晚的好心情全被毁了！'但我又转念一想，干吗要说得如此悲观呢？我决定把这件事情置之不理，按原定计划享受今夜的时光。与其给客人们留下性格不好和神经质的印象，不如让他们觉得我只是一个慵懒的家庭主妇。让我欣慰的是，事后根本没有人注意餐巾的事情。"

有一个妙法可以抵御由小事引起的苦恼，你只需转移对它的看法的重心，就可以变烦恼的看法为一个新颖的、开心点儿的看法。作家荷马·克罗伊是我的一个朋友，他告诉我说："以前写作的时候，思路常常被公寓里热水灯的噪声打断，因此烦恼得简直精神失常。偶然一次和我几个朋友出去露营，夜间燃起的篝火非常欢快，发出清脆的响声，使我突然想到这和写作时的热水灯的响声一模一样，但为什么这个声音我喜欢而那个声音却让我讨厌呢？回家的路上我就对自己说：'热水灯的声音与木头在火堆里爆裂的声音一样好听，不要去理会这些声音，只管奋笔疾书。'回家后，开始几天我还时不时注意这个声音，没隔多久我就忘记它的存在了。

"许多小忧虑往往如此。我们被一些不喜欢的小事打扰，搅得每天

都很不高兴。事实上，那都是因为我们的注意力过分集中在上面以致无限放大了它们。"

狄士雷里也说："生命如同朝露，何必那么在意那些让我们不快的小事？"

前几年，我参观了洛克菲勒在提顿国家公园中的一栋房子，记得那次是和怀洛明州公路局局长查尔斯·西费德先生以及其他朋友一起去的。因为半路上我的车拐错了一个弯，我迟到了一个小时，西费德先生在森林中等了我一个钟头，那是极闷热、蚊虫又极多的森林。当我到达的时候，面对圣人都难以对付的蚊虫的包围，西费德先生却在吹一支用折下的白杨树枝做成的小笛子，笛声悠扬。我要来了西费德先生的那把小笛子，以便日后纪念这个不为小事烦恼的人。

要赶在忧虑毁了你之前，改掉忧虑的习惯。记住第二条规则：

生命短促得如同电火石光，不要为一些可以抛开和忘掉的小事烦恼。

3. 估算事情的概率可以打消忧虑

如果我们能够估算事情发生的概率，那么我们对雷击、火车翻车等种种事故的担心，就可以用开怀大笑来取代了。

小时候，我的心中装满种种的忧虑。现在我还记得的有：怕被活埋、被闪电击死、死后进地狱，以及被一个叫詹姆·怀特的大男孩割掉耳朵。也就是这个男孩，恐吓我说当我脱帽向女孩子们鞠躬时会遭到她们的嘲笑，而且将来没有一个女孩愿意嫁给我……这就是我小时候可以花上好几个小时想的大问题。

年复一年，我统计了一下，我担心的事件中，99% 从来不曾发生。长大后我渐渐得知，任何一个人在一年中被闪电击中的概率只有 3%。说到活埋，不用说现在，就是在发明木乃伊以前活埋成风的年代里，一个人被活埋的概率也只有千万分之一。

根据医学证实，每 8 个人中就有一个人死于癌症。和死于癌症的概率比起来，值得我们忧心的就不应该是被雷击或被活埋。

和小时候一样，成年人的许多忧虑同样可笑。同理，我们也可以用"概率评估"来逐一分析这些忧虑，从而将它们彻底打消。

伦敦罗艾德保险公司可称得上全世界最有名的保险公司，它就靠人们对一些发生的概率极低的事件的忧虑，而赢得了数不清的利润。这个公司其实是和一般人打赌，究其实质，就是一种建立在概率基础上的赌博，不过美其名曰"保险"罢了。这家保险公司已成为经营长达 200 年的老店，其实只要人的本性不发生改变，那它继续存在 5 000 年是一点问题也没有的。保险公司给你的鞋子、船等事物做保险，其实是有一个对概率的基本判断在里面，很显然一般人因为忧虑的心理作用，把发生的概率夸大了。

对许多事件的概率稍做分析，就会得出让人大跌眼镜的结论。举一个例子，假如有一场如同盖茨堡战役那样惨烈的战争即将在美国卷土重来，大家一定会在听到这样的消息时当场就吓昏头了。于是会赶紧增投人寿保险，留下遗嘱，变卖家产，然后悲观地说："这场战争，看样子我是熬不过了。那就能活一天算一天吧。"但如果对战争的概率做分析，就可以得出：盖茨堡战役里，共 163 000 名士兵，每 1 000 人中阵亡的人数，与年龄 50 到 55 岁之间每 1 000 人中死去的人数相同。

乔治·库克将军曾有一句名言："差不多所有的忧虑和悲伤不是来自现实，而是属于空穴来风的想象。"

前纽约州长埃尔·史密斯在任时，经常告诉幕僚："我们去翻翻记录。"其实很多人大可学他的样子，查查以前的记录，冷静思考一下忧虑有没有根据。二战中，佛莱德雷·马克斯塔特曾担心会死在前线散兵坑，其想法也一样可笑。

"1944 年刚进入 6 月的初夏，我埋伏在奥玛哈海滩附近的一个散兵坑里。当我看到这个长方形的小坑时，我就往坏处想：'这真像一座坟墓，恐怕此生我就要被埋葬在这里了。'当晚 11 点，德军的轰炸机开始向我们发起进攻，扔下一枚枚炸弹，我吓得浑身僵硬。这样三天下来，我在极度惊吓中没办法睡觉，直到第四天、第五天仍是如此，我想单单失眠也足以把我整垮。如果想不出一个周全之策，精神崩溃只在早晚。于是我提醒自己，五天五夜过去，我还活着。除了两个受了点皮肉之伤的人外，躺在散兵坑中的人都毫发无损。而且那两个人受的轻伤，也不是为德军炸弹所伤，而是被自己的高射炮碎片刮伤。这样一想，我就轻松很多。为防万一，我在散兵坑上方造了一个厚厚的木质屋顶，以防被炸弹碎片所伤。之后我拼命让自己记住：'除非炸弹迎头落下，否则在这深坑里我将安然无恙。'接着我根据概率学推算出深坑被直接命中的概率是 1/10 000。就这样用两三个晚上考虑清楚这个问题后，我彻底平静下来。即使敌机在上空盘旋，我依然可以安然入睡。"

概率所统计的数字也是美国海军常用以鼓舞士气的方式。曾当过海

军的克莱德·马斯经历过这样一件难忘的事。当上级把一项在油船上工作的任务交给他和船上的伙伴时，他们害怕极了，因为这艘油轮装的都是汽油。他们想，假如油轮被鱼雷命中，他们只有死路一条。为消除他们的疑虑，上级很快告知他们一些非常精确的统计学数字，例如被鱼雷击中后，有 60% 的油轮并没有沉入海底；另外 40% 的油轮中，只有 5% 是在 5 分钟不到的时间内沉没海底的。

他说："这些精确的统计数字，让我们知道自己有足够的时间跳船逃生，而不会是死路一条，大多数船员都松了一口气。"

一定要在忧虑毁灭你之前，改掉忧虑的习惯。记住规则的第三条：

翻看以前事件发生的记录，得出准确的概率统计数字，想一想你所忧虑的事情，究竟有多大的机会发生。

4. 接受不可改变的事实

要像杨柳迎接风风雨雨、水适应一切容器一样，愉快地接受必然的事实。

漫长的人生旅途，令人不快的事情时有发生。我们也可以有所选择，那就是对于必然的结果愉快地接受和适应；或者拒绝承认既成事实，让忧虑侵蚀我们的生活。

威廉·詹姆斯是我喜欢的哲学家，他忠告人们："要愉快地接受本来就如此的事实。事情发生了就接受它，这是面对生活中所有不幸的第一步。"伊丽莎白·康黎是俄勒冈州人，在交出了许多"学费"后，终于掌握了这一真义。

"当美军庆祝在北非战场取得胜利的那一天，有人告诉我战场上找不到我的侄子了。不久，有另一个更坏的消息是：他早就死了。我顿时悲从中来，天昏地暗。此前，我一度觉得自己是幸福的人，有一份自己喜欢的工作，我把工作之外全部的精力都放在这个侄子身上。依我看，他代表了年轻、美好，甚至一切。以前是用汗水浇灌种子，现在本应该是收获的季节……可如今，我的整个世界在残酷的事实面前变得支离破碎，活着还有什么价值？事实太残酷了，我没有办法接受，悲观绝望中的我决定抛弃工作，远走高飞，让一路上的眼泪和悔恨来掩埋自己。

"转机发生在我清理桌子、准备写辞职申请的时刻。我翻出了一封久远的信，就是母亲去世时这个侄子给我寄来的信。信上还显稚嫩的笔迹写着：'这是肯定的，我们会时常想念你们，特别是你。你肯定会撑过去的，因为是你教给了我那些难以忘记的真理。我不会忘记你教我要微笑，要做男子汉，任凭不幸的风吹雨打依然如故挺立。'

"信被我读了一遍又一遍，就好像侄子在我身边对我说：'为什么你不试试你教给我的办法呢？要坚强支撑下去，不论发生了什么事情，把悲伤隐藏在微笑后面继续过下去！'

"在那一刻，我下定决心：'事情已经这样了，我没有能力改变过去，但我能如他所希望的那样顽强地活下去。'我把思想和精力都转移到工作上。有时间我就写信给前方的士兵们，尽管他们是别人的儿子。晚上我也不让自己闲着，参加了成人教育班。总之是找出新的兴趣，结交新的朋友，不再为已经永远过去的事悲伤。之后我过着比原来更充实、更有意义的生活。"

在白金汉宫故主乔治五世的办公室里，挂着如下的话："让我不为月亮哭泣，也不吃后悔药。"

这是真理，我们高不高兴并非取决于环境本身，而是来自于我们对周围环境、状况的反应。

从另一种意义上来说，我们每个人都能忍受天灾人祸带来的伤痛，因为我们潜在的力量强大到足以战胜它们。只要善加利用，这种力量发挥出来就能帮助我们克服很多困难。

布斯·塔金顿在生前总是说："我可以忍受人生的任何事情，但是

除了失明，一团漆黑的世界我永远都无法忍受。"恰恰在他 60 岁时，他的视力剧减，右眼失明，左眼也接近失明，他最害怕的事情终于来临。

塔金顿对这件事是怎样的反应呢？他觉得非常开心，甚至时不时地调侃自己。当一块大黑斑从眼前晃过时，他嚷嚷："嘿嘿，老黑斑爷爷来了，今天天气这么好，你要去哪里呢？"

完全失明后的塔金顿说："和一个人承受别的事情一样，我发现我完全可以接受失明的事实。就算五官全部废了，我还是可以生活在自己的思想里。"

为了恢复视力，塔金顿竟然在一年之内请当地的眼科医生为自己动了 12 次手术。面对既成的事实，唯一能使痛苦得到减轻的办法，就是直面惨淡的现实。他本可以住单人病房，但为了能与大家开心地在一起，他住进了大病房。动手术时他想："我是一个多么幸运的人啊，科技的进步，使医生可以为眼睛这么娇嫩脆弱的器官做手术了。"

如果在黑漆漆的世界里生活，同时要忍受 12 次以上的手术，一般人早就变得神经兮兮了。可是通过这件事塔金顿学会了如何忍受，他知道生命带给人的每一种经历都是在人可以忍受的范围内的。

面对事实，我们可以改变自己，去适应它。

哥伦比亚大学郝基斯院长生前曾告诉我，他做过一首打油诗当作用自己的座右铭：

世界病苦多，数都数不清。

许多可以治，许多治不了。

只要还有救，就该找医药。

病已入膏肓，干脆就忘掉。

行文至此，我已采访了不少美国著名的商人。让我难忘的是绝大部分人都有能力接受既成的事实，并且过上无忧无虑的生活。

潘尼是遍布全美的连锁商店的创建者，她对我说："就算我把所有的钱赔光，我也不会去忧虑，我知道忧虑不会让我得到什么。只要我把每天的工作做好，结果如何那就听天由命吧。"

此类的话亨利·福特也说过："遇到无处下手的事，我就让上天来裁决。"

凯乐是克莱斯勒公司总经理，他说："如果情况很糟糕，只要还可以想出办法来我就去做。实在没办法了，干脆就把它忘了。为未来担心有什么用？没几个人知道未来的事情，同时影响未来的因素多得根本顾不过来，为何要因此而担心呢？"如果说凯乐是个哲学家，这会让他非常难为情，毕竟他认为自己只是一个普通的商人。但他思考问题的方式却和古罗马的大哲学家托塔斯的理论暗通："快乐之道无他，不过是不为力不能及的事情担忧罢了。"

没有人能够准备足够的情感和精力，在抵抗既成事实的同时，开创出一种新生活，二者只能选一。或者像杨柳枝一样在暴风雨中柔软地飞舞，

或者不自量力地像枯枝一样抵抗而被折断。

日本柔道大师教导学生说："要柔软，像杨柳一样，而不能像橡树一样挺直。"

汽车轮胎为什么能在路上行驶，平稳地通过一路上的颠簸呢？开始，发明轮胎的人只想创造一种能够抗拒路面颠簸的实心轮胎。实验的结果却是，不需多久轮胎就被磨成碎块。之后他们才想到创造可以缓冲路上所碰到的各种压力的轮胎，这就是后来的充气轮胎。因为有一层可以承受各种压力的柔软外壳，所以可以使我们在多灾多难的人生旅途上走得更顺利、活得更健康长久。

这是我们应该吸取的宝贵经验。拒绝承认生命中所遇到的挫折是毫无意义的，我们会因此而忧虑、紧张、急躁，以致整天神经兮兮。或者更有甚者，坚拒现实社会的不快，退缩到一个只属于自己的梦幻世界中去。如果那样，等待我们的便是永远的沉沦。

历史上最有名的死亡除了耶稣基督被钉于十字架之外，恐怕就是苏格拉底之死了。想必在百万年后，还是有人去欣赏柏拉图对一些事所做的描述，因为在所有的文学作品中，这是最打动人心的一章。苏格拉底引起一些雅典人的嫉妒，于是他们编出一些子虚乌有的罪名，草草审问后就把他判处死刑。当善良的狱卒把毒酒递给苏格拉底时，说了一句话："面对不可改变的事，姑且轻快地去接受。"苏格拉底在谢过狱卒后的确做到了笑对死亡。这种平静而顺从的态度，可以算是圣人了。"面对不可改变的事，姑且轻快地去接受"，这是公元前399年的人说的话，但是就忧虑横行的当今社会来说，人们更需要用这句

卡耐基人性的优点

话来安慰自己。

之前的整整 8 年，就怎样除去忧虑的问题，我查阅了几乎所有我能看到的书和文章。在阅读了数不清的报刊后，亲爱的读者朋友，你知道我找到的最好箴言是什么吗？下面这几句祷词就是你最想要的，这是纽约联合工业神学院实用神学教授雷恩贺·纽伯尔写的，仅仅 36 个字：

请赐我柔韧，

接受我不能改变的事；

请赐我勇武，

改变我能改变的；

请赐我睿智，

来分辨两者。

要在你被忧虑毁掉前，先除掉忧虑的习惯，第四条规则是：

接受不可改变的事实。

5. 为忧虑设限 "就此打住"

如果我们把本该欢乐的生活卖给了忧虑，那么我们就是傻子，因为这样买卖不划算。

投资顾问查尔斯·罗勃兹曾告诉我说："最初从德克萨斯州来到纽约，身上只有两万美元，还是朋友托我到股票市场投资用的。原本我以为自己是个股票行家，但是这次投资我却赔得分文不剩。赔了自己的钱我可以毫不在乎，但把朋友的钱赔光了让我觉得很糟糕。那时我真觉得没脸见人。但没想到，朋友们倒看得开，而且对我抱有一种不可救药的乐观态度。

"我仔细推敲自己以前犯过的错误，并发誓要在重进股票市场前学会必要的知识。这时我幸运地和波顿·卡瑟斯——这位最成功的股市预测专家交上了朋友。他多年来在股票市场始终一帆风顺，能有这样成就的人，不可能只靠机遇的光顾。

"他慎重地告诫我股票交易中最重要的原则：'我所买的股票，都设有一个就此打住、不能再赔的最低标准。打比方说,我买进50元一股的股票，就设定好不能再赔的最低标准是45元。'换句话说，假如股票下跌到比买价还低5元时，就立刻卖出去，这样一来损失就只限定在5元之内。

"假如你当初购进时选得很精明，每股收益就可以平均在10元、25元，甚至50元之上。因此，把你的最低标准限定在5元以后，即使你对持有的半数以上的股票判断失误，你仍然可以赚到不少的钱。这个原则我活学活用，迄今为止它不知为我的顾客和我挽回了多少投资。未几我发现，'就此打住'的原则也适用于生活的其他方面。譬如说在所有让人忧虑头痛的事上，设立一个'到此为止'的限定，效果好极了。"

100 多年前的一个夜晚，用鹅毛笔蘸着自制的墨水，梭罗在日记中写道："所有事物的代价，换言之就是生活的总值，有的当场就兑现了，有的则要在最后付清。"换一种方式说，如果在生活中为不值得的东西付出过多的代价，我们就是傻子。

吉尔伯和苏里文就是这样两个扮演悲剧角色的傻子。他们可以分别创作出让人听了欢欣愉悦的词曲，但在生活中寻找自己的快乐却非常不在行。他们写的轻歌剧非常受人欢迎，但他们古怪的脾气的确有点让人受不了。事件的起因很简单，不过是一条新地毯。苏里文为他们剧院买了一条地毯，吉尔伯看了账单后立马大发雷霆。就为这个他们甚至闹到法庭，之后便不通音讯。虽然他们还是合作完成了一首新歌，却是苏里文为歌剧谱完曲后寄给吉尔伯，吉尔伯填好词后再寄回给苏里文。某些时候，他们必须一起到舞台上去谢幕。为避免看见对方，两个人也只是各站在幕前的一边，向不同方向的观众鞠躬。在彼此的摩擦中，他们不懂得设立一个"就此打住"的最低限制。就这一点来说，林肯先生可就高明多了。

当时美国南北战争正在进行中，林肯的几位朋友毫不留情地攻击以前的政敌，林肯推心置腹地说："你们比我有更多的私人恩怨，可能在这方面我的感觉一直很愚钝。但是我一向以为这样做很不值得。一个人实在没必要把半生的时间花在互相敌对的攻击中。只要那些人不再攻击

我，我和他们之间的仇恨就算完结。"

富兰克林童年时得到了一个他 70 年都没有忘记的教训。他 7 岁时，中意一支哨子，兴奋不已的他跑进玩具店，也不问老板价格，把所有零钱倒在柜台上买来了那支哨子。他 77 岁时给朋友的信中曾描写了这段经历："然后，我跑回家，吹着这支哨子，得意地满房间转着。"察觉他买哨子多付了钱，他哥哥姐姐都来取笑他，结果使他"懊悔得痛哭了一场"。

富兰克林从这段经验中得到的教训非常深刻："长大后，我见识了人类的许多行为，认识到许多人买哨子都付多了钱。简而言之，我确信人类的苦难，相当一部分源于他们对事物的价值做出了错误的估计。也就是说，他们买哨子多付了钱。"

就拿托尔斯泰来说，他娶了一个自己非常中意的妻子，一开始他们过得非常快乐。可是他的妻子有很强烈的嫉妒心，常窥测他的行踪，为之小两口常常斗嘴。妻子甚至嫉妒自己亲生的儿女，有一次她甚至朝女儿的照片开枪。最让人懊恼的是她居然在地板上打滚，还拿一瓶假鸦片威胁说要自杀。面对此情此景，她的儿女们吓得躲在角落里尖叫。

假如当时托尔斯泰气得直跺脚，把家具砸得稀巴烂，这些都可以原谅。但他做了一件比这坏了不知多少倍的事，他把这些用一本日记记下来！这也是他以后为之付出了太多代价的"哨子"。这本私人日记的目的是想让后代们原谅他，指出妻子的错误才是一切错误的根源。他妻子找到这本日记后马上撕了并把它烧掉。针锋相对的她也写了一本日记，把错都推到托尔斯泰身上。不仅如此，她还写了一本小说，书名就叫《谁之错》。小说中，丈夫成了家庭的破坏者，她自己则是无辜的牺牲品。

结局是很惨的，在托尔斯泰的眼中，他们唯一的家成了"一座疯人院"。两个不理智的人为他们的"哨子"付出了惨重的代价。半个世纪的光阴都浪费在一个"活地狱"中，夫妻二人没有一个头脑冷静地说"不要再吵了"。

他们两个都缺乏果断叫停的能力。让我们一起说"就此为止"吧，我想这就是获得高品质的生活的一个秘诀，那就是要有正确的价值观念。

因此，要赶在被忧虑毁灭之前，改掉忧虑的习惯，第五条规则就是：

无论什么时候，无论你是拿钱买东西或是为生活付出代价，请稍歇一会儿，问自己三个问题：

1. 我现在忧虑的问题，到底和我自己有什么关系？

2. 这事情该在何处设定"就此打住"的警告牌，之后彻底忘掉？

3. 这个"哨子"到底值多少钱？我付出的代价是否已超过它的价值？

6. 不要锯木屑

为往事忧虑，你就是在锯木屑。

在我的院子里，有一个恐龙留下的足迹。足迹留在大石板和木头上，这些是我从耶鲁大学皮氏博物馆买来的。馆长还来信告诉我，这些足迹可以追溯到 1.8 亿年前。

常识告诉我们，要使 1.8 亿年以前的足迹产生改变是痴心妄想，但许多人的忧虑却和这一样愚不可及，因为就算是发生在 180 秒以前的事情，也不可能按我们的愿望发生改变。180 秒以前发生的事情的影响可以改变，但事情本身无法改变。

要想使已发生的错误变得有价值，有且只有一种方法，那就是很理智地分析错误，从中总结出教训，然后再把错误抛弃掉。

亚伦·山德士先生以为最有意义的一课，是生理卫生老师保尔·布兰德温博士给他上的，这是他心中最持久的纪念。他说："在我十几岁时，是个'事事愁'，犯了错误总会在心里自责很久。我曾经病态地想，假如没有做过那些错事该多好啊，假如我能把过去那些不得体的话说得更漂亮一些该多好啊！

"一个清晨，和往常一样走进科学实验室后，保尔·布兰德温老师一反常态地在桌边放了一瓶牛奶，大约是早餐奶吧，不然这会和要上的

生理卫生课有什么联系呢？刹那间，老师把牛奶瓶打翻在水槽里，同时大声嚷嚷：'不要为打翻的牛奶哭泣。'

"之后，老师让我们围到水槽边观看，说：'看仔细了，这个场景要牢牢记住。牛奶都跑光了，就算你跺脚、干着急、怨天尤人，你也不可能再收回一点儿牛奶。如果事先动脑筋，严加防范，牛奶或许可以保住。但现在已经太晚了，此刻我们唯一能做的是彻底忘了它，努力做好下一件事。'

"这是一次让我终生难以忘怀的表演。这件事让我学会了，要尽一切可能去保住牛奶。假如不能，那就把伤心事抛到太平洋里去吧。"

"不要为碰翻的牛奶哭泣"，虽是一句尽人皆知的谚语，但它闪耀着睿智之光。各领风骚数百年的历史人物们就如何克服忧虑的问题著书立说，但是在纵览历史典籍之后，我们不太可能找到比"不要为打翻的牛奶哭泣"更好的说法了。当然，如果你只把这当作写作的花料和口头的活计，而没有在生活中切实应用，那么它也没有多少价值。如果你想从本书中得到从未有过的新东西的话，那可能是徒劳，也背离了作者撰写本书的目的。本书只想提醒你从经典中把学到的东西举一反三，然后在生活中切实去做。

已故的佛烈德·富勒·须德有一种天赋之才，那就是他能把经典的东西以新鲜而又打动人的方式演绎出来。在一次大学毕业典礼上演讲时，他欲擒故纵地问道："哪些人锯过木头，请举起手来。"这时大部分学生都举起了手。他又抛出一个问题："有谁锯过木屑？"一个举手的人也没有。须德先生说："很显然，你们不会去锯木屑。已过去的令人愁苦的事也一样，你再想它们就是在锯木屑了。"

棒球老将康尼·马克耄耋之年时，我问他是否为输掉的比赛忧虑过。老将说："和你所想的一样，开始时我也会忧虑。后来，我发现忧虑有害无益，麦子已经磨成粉了，再磨就是浪费。"

我和杰克·邓普塞曾共进晚餐。金·童黎迫使他让出世界拳王的宝座的那一局，是他一生中难以承受的重压，他说："第十个回合结束，我顽强地站住了，但脸上开始浮肿且伤痕累累，双眼需要克服很大困难才能睁开……这时裁判把金·童黎的手举起来，宣告他胜利了……被迫从世界拳王的宝座上逊位，我任凭汗水淌过脸颊浸湿全身，默默穿过人群回家……

"我和童黎订下再次比赛之约，但是第二次比赛仍以我的落败而告终。拳王的荣耀和梦想就此结束。说实在的，想要完全不把心思放在那两次惨败经历上面真的很难，但我鼓励自己：'以后的生活不能为过去失败的阴影笼罩。承受这次失败吧，绝不能让它打倒我。'"

他决定想方设法忘记过去的不快，于是对未来的筹划就成了当务之急。他把全部心思投入到对百老汇的邓普赛餐厅和大北方旅馆的经营上。他也没有放下挚爱的拳击运动，他从拳击选手转向安排和宣传拳击赛，开办各种拳击赛的展览，把留给忧虑的时间和心思填满，以至于他感觉到："就我现在的生活来说，过得比做世界拳王时要好很多。"

莎翁曾总结出一条规律：理智的人绝不独向一隅为过去悲伤，而是卧薪尝胆以图东山再起。

粗心大意的确是我们的错，但全世界找不出几个没有犯过这种错误

的人！即使是拿破仑，在戎马一生中，他也有三分之一的决策失误发生在重要战役之中。对我们来说，犯错的平均记录可能比他还少呢！

即使倾一国之力来挽回已犯下的错误也是不可能的。因此，第六条规则是：

不要锯木屑。

Lesson 3
获得幸福安宁的 6 种方法

1. 培养积极的生活态度

要知道，生命复杂多彩，我倾向于鼓励大家以积极的态度去面对，而不是消极的。也就是说，我们要关注问题本身，但自身不能忧虑。

几年前我参加一档广播节目时，他们向我提了一个问题：你觉得自己学到的最关键的一课是什么？

我的答案很简单，那就是：思想的重要性。在我看来，只有当知道一个人在想什么时才有可能了解他到底是个什么样的人。思想使每个人呈现出独有的品质，心理状态也将决定每个人的命运。爱默生说过："一个人整天头脑里想的会在他身上呈现出来，代表了他自己。"

而我们所要面对的至关重要的问题，便是怎样选择正确的思想。做到了这一点，所有问题便迎刃而解。伟大的哲学家马尔卡斯·艾吕斯的思想曾一度统治罗马，他对此做了简单扼要的概括，即：思想造就生活。

毫无疑问，当我们心里充满高兴的想法时便能高兴；当心里总是想着悲伤的事情时，就会真的很悲伤；当一些可怕的念头久久不能消除时，就会当真害怕起来；当坏的念头一直占据在心里，便会感到不安；当心里总担心会失败，结果就会真的失败；当我们一味地自卑自怜，周遭的人就会离我们而去。正如诺曼·文生·皮尔所说："你并不如同自己想象中的一样，但你所想的才是你。"

这样说是不是意味着：遇到困难时，除了用乐观的态度面对以外再无更好的方法？当然不是。要知道，生命复杂多彩，我倾向于鼓励大家以积极的态度去面对，而不是消极的。也就是说，我们要关注问题的本身，但自身不能忧虑。关注与忧虑有什么区别呢？这就好比我穿过交通异常拥挤的纽约街头时，我会关注我正在进行的这件事，但我本身并不忧虑。关注就是弄清哪里存在问题，并能冷静地找到有效方法加以解决。忧虑则会丧失理智，使你不停地转圈却解决不了问题。

我在罗维尔·汤马斯身上看到了关注与忧虑的区别。很早之前我协助他拍摄了一部有名的电影，影片讲述了一战中艾伦贝和劳伦斯出征的故事。罗维尔·汤马斯和几个助手还亲临前线拍摄了一系列精彩的战争镜头，而整个影片最成功的地方在于：不仅真实地刻画了劳伦斯及其领导的阿拉伯军队，也将艾伦贝占领圣地的过程给记录了下来。他在电影中穿插的"巴勒斯坦的艾伦贝与阿拉伯的劳伦斯"的演讲，在伦敦乃至全世界引起了前所未有的轰动。他还受邀前往卡文花园皇家歌剧院讲述自己的冒险经历，剧院不断放映他的影片，为此伦敦歌剧季比往年延长了 6 个星期才结束。取得成功之后，罗维尔·汤马斯又游历了几个国家，并花了两年的时间准备在印度和阿富汗拍摄一部纪录片。这时，一件不幸的事情突然降临到他的身上——他破产了。当时我跟他在一起，目睹了一切窘况，我们只能到一些小饭店吃廉价的食物，而这点优待还是拜知名作家詹姆士·麦克贝所赐，是他借钱给我们缓和了危机。在整个事件中，虽然罗维尔·汤马斯被繁重的债务缠身，也曾感到失望至极，但他更多的是关注整个事件本身，并没感到忧虑。他比其他人清楚地看到，如果自己不打起精神，那他在别人尤其是债权人眼中将会变得一文不值。我看到他每天出门办事时，都不忘在衣襟上别朵鲜花，昂首阔步地走在街上。这种积极勇敢的态度，是任何挫折也不能击倒他的原因所在。在他的人生字典里，挫折是攀上高峰所必经的磨炼，也只是事件中的一个环节而已。

为了更好地说明思想的魔力，我给大家讲一件美国内战期间的奇事。

玛丽·贝克·艾迪是基督教信心疗法的创始人，极负盛名。但最初，她觉得整个生命中充斥的不外乎苦难与不幸。产生这样的念头，跟她多舛的人生遭遇分不开。她的第一任丈夫婚后不久就离开了人世；第二任丈夫婚后移情别恋，抛下她跟别的女人私奔了，后来人们在贫民收容所里发现了他的尸体；在贫穷和病痛的双重折磨下，她无力抚养 4 岁的儿子，只得把他送人了。在后来的 30 多年时光里，她再也没有见过他。由于身体状况不太好，她对"信心治疗法"一直非常关注。而促使其人生信念发生戏剧性变化的原因竟是一个意外。有一次她走在结冰的路面上，一不小心摔倒并昏了过去。经诊断，她的脊椎严重受损，连医生也认为她没有多少希望了，即使能侥幸活下来，也不可能再行走。

躺在医院的病床上，她打开一本书看起来，一些跳跃的字句突然击中了她灵魂深处的某些东西，书上赫然写着："几个人抬着一个瘫痪的男子来到耶稣这里，耶稣对躺在担架上的男子说，不用担心，你的罪被全部赦免了，现在就可以拿好被褥回家。男子真的站了起来，朝家走去。"

这几句话像点燃了在她黑暗内心中的一盏明灯，使她突然获得了一股巨大的、可以医治好自己的能量，她果真可以重新行走了。

玛丽·贝克·艾迪后来说道："这种体验就跟牛顿发现万有引力时那只下坠的苹果一样，它使我切身地感受到自己是如何康复的，从而让我有信心帮助别人实现康复。我现在非常肯定地告诉大家，一切变化皆源于你的思想，影响力归根结底就是心理现象。"

如果你认为我是在替基督教信心治疗法做宣传的话，那么你完全错了。因为我根本就不是该教派的信徒，但活的时间越长，我对思想的力量越坚信不疑。根据我这么多年来从事成人教育的经验，我知道我们完全能够将忧虑、恐惧等心理问题及多种生理疾病消除殆尽。改变生活的关键在于改变自己的想法。我太清楚这一点了，因为我已目睹无数次这样惊人的转变，再遇到这类情形时，我一点都不感到奇怪。

我们内心的平静及从生活中得到的快乐，取决于我们的心境，与外部环境的好坏无关。

300 年前失明的弥尔顿也说出了同样富有哲理的话："思想的运用及思想本身，既能把地狱变成天堂，同样也能把天堂变成地狱。"

拿破仑和海伦·凯勒对此做了最好的诠释。世人所追求的一切，如荣耀、权力和财富，拿破仑都有，但他觉得自己没有一天是快乐的。与此相反的是，海伦·凯勒虽然是一个聋哑盲人，看不到、听不到世间的美好事物，但她常感叹生命是如此的美好。

50 年来的生活，使我深刻地意识到，只有自身能带来心灵的平静。

在此我仍想要强调一下爱默生在散文《自信》中的结束语："不要被外在的事情蒙蔽了你的心境。如果你认为是政治上取得的一次胜利，收入增加了，与久未谋面的好友相逢等事情令你感到高兴，那么你忘了最重要的一点：只有自己才能带来心灵的平静。"

伟大的斯多噶派哲学家依匹克特修斯19世纪时曾提醒我们，比割除身体上的肿瘤和脓疮更紧急的是消除错误的思想。

时至今日，现代医学仍支持他的这一理论。据坎贝·罗宾逊博士介绍，在约翰霍普金斯医院里，大约五分之四的病人的疾病皆由心理因素引起，还包括一些生理器官病变的病人，他们的痛苦都归根于心理的疾病。

法国哲学家蒙田的座右铭是："所发生的事情对一个人造成的伤害，远远比不上他内心对该事情的看法。"要知道，是我们自身决定了对一切事物的看法。

要摆脱困扰着你的烦恼，消除紧张的情绪，最好的方法就是用自己的意志力来改变心境。虽然做到这一点不太容易，但是有一个很简单的秘诀可以使用。

实用心理学的权威人士威廉·詹姆斯曾说："行动好像是跟着感觉来的，事实上它们是同步进行的。一旦我们能够使处于意志力控制下的行动规律化，同样也会使得不受意志力控制的感觉规律化。"

也就是说，要改变我们的感觉，不是光凭下定决心就能做到，关键在于通过不断变化的行动来带动感觉的改变。

威廉·詹姆斯解释道："如果想使自己由不快乐变得快乐，最好的方法就是打起精神，让自己的动作和语言呈现出快乐的气象。"

如果要让自己开心，你可以尝试一个简单有效的办法，那就是把嘴向上翘，露出一个阳光灿烂的表情来，然后挺起胸膛，非常放松地来一次深呼吸，喉咙顺畅后，你可以唱几支欢快的歌。或者你自觉五音不全，那就吹吹口哨吧。如果不会吹口哨也没关系，你可以哼一段简单轻快的旋律。很快你就会发现自己变快乐了。

这是改善生活品质最奇妙的办法之一。

美国印第安纳州有个人叫英格莱特。他因为发现了上文所说的秘诀，所以他在被病魔反复折磨后仍奇迹般地活着。10 年前英格莱特先生得了猩红热，康复之后他又得了肾脏病。他找过许多医生，甚至找到巫医，但是这个病谁也没办法治好。

不久他又感染了一种并发症，他的血压高得吓人。医生告诉他，他的血压已经到了 214 毫米汞柱的顶点。医生建议他马上准备后事，因为他已经没有救了。

据英格莱特自己说，他回到家里，发觉所有的保险金都已经预付过了，然后他到教堂去忏悔以前的所有罪过。他那时一个人默默地想，让妻子和家人过得很不快乐的根源是他，让其他人非常难过的根源也在他。一时间颓废的情绪紧紧地攫住了他。经过一个礼拜的自罪自责，英格莱特对自己说："你这样子简直像个大傻瓜。你在一年之内恐怕还不会死，那么趁你还活着的时候，何不快快乐乐地生活呢？"

从那一刻起，英格莱特决定表现出像没有病之前快乐生活的样子，脸上露着微笑，走路挺起胸膛。他承认开始时以理智和毅力强迫自己高兴相当费力，但是他的快乐不仅感染了家人，而且对改善他的病情有明显效果。

英格莱特惊奇地发现，这一改变让他的心情和身体都变好了许多，差不多跟没有生病之前的样子类似。受鼓舞的英格莱特决定继续这样生活下去。直到今天，本该躺在坟墓里的他活得十分健康快乐，而且血压也在不知不觉中降了下来。英格莱特后来总结道："差一点就要被那位医生言中了！假如我一直担心身体会垮掉，担忧死神就在我头上盘旋的话，我早就去见上帝了。可见只要优化自己的心情，而不是去做乱上添乱的事情，我就可以给自己的身体一个自行恢复健康的机会。"

大家想一想这样一个问题：假如心灵充满快乐的阳光、无畏的勇气以及理智的思想就可以挽救濒临崩溃的生命，那我们何必再为芝麻大的不快和颓丧而难过呢？假如快乐就像一只漂亮的大钟，只要撞击就会产生悦耳的声音，那我们又何必总是去敲那令我们不愉快的破锣呢？

数年前，我看过一本对我的生活有深远影响的书，它就是被誉为英格兰"人生哲学之父"的詹姆士·艾伦写的《人的思想》。书中有一段是这样写的：

"大家可能会有这样的体验，当我们改变对事物或他人的看法时，事物或他人就会以另外一种形式影响我们。让我们吃惊的是，当我们把思想引向积极光明的一面后，我们的生活会随之得以改善。我们不一定能够得到最想要的，但一定能得到我们应得的。在我们自己的思想中，就存在着能够改变气质的神性。一个人所思所想和他所得到的之间一定有着直接的联系。一个人的成就，起因在于内心有了奋发向上的意志。一个人愁苦终生的根源在于他没有令人振奋的思想。"

曾经有个教士对我说，上帝送给人一份厚礼，那就是让人去统治整个世界。但我对上帝的这种恩赐实在没有什么兴趣。对自我的思想和精神的控制能力的培养，才是我最想要的。不谦虚地说，在这点上我已有相当不错的成绩。只要我愿意的话，不管在什么时候，我都可以控制好自己的行为和反应。

威廉·詹姆斯的话值得我们铭记："一般说来，只要弱者在内心肯把恐惧改成奋斗，就能把大部分我们所谓的困境，变成珍贵的经验。"

奋斗吧，只为本该属于我们的快乐！

1. 今天，我就要很快乐。快乐来自内心，而不是外在。"大部分的人只要下定决心都能很快乐"，林肯这句话就是证明。

2. 今天，我就要努力去接受我的家庭、我的事业和我的运气，让自己去适应一切，而不是让一切来适应我的欲望。

3. 今天，我就要努力保持身体的健康。我要用运动来增加身体的活力，平日对身体更加爱护珍惜，以便为成功准备一份好本钱。

4. 今天，我就要改善心灵的品质。把思想放在有用的地方，制止没来由的胡思乱想。我要多看一些需要集中精力、用心思考才能看进去的书。

5. 今天，我要做三件事来提升自己的灵性。那就是做一件不让别人知道的好事，做两件威廉·詹姆斯所建议的锻炼自己的事情，即使不想做也得做。

6. 今天，我就要做个让人喜欢的人。在衣着外表上要尽量修饰，说话时声音放低，让行动更优雅，不把别人刻意诋毁自己的话放在心上。不挑别人的毛病，也绝不自以为是地干涉或教训别人。

7. 今天，我就要考虑今天怎么过得更充实，虽然一生的问题不能在今天一次就解决。在激情的状态下，固然我可以用一天 12 个小时持续去做一件事情，但这样干一辈子却让人恐怖。

8. 今天，我就要做一个计划表。即使计划赶不上变化快，还是要做这样的计划表，我应该在计划表中列出每个时段所做的事，因为由此可以避免过分仓促或者犹豫不决。

9. 今天，我要用半个钟头与自己轻松独处。在这安宁的时刻，我要尽量使我的生命更加充满希望。

10. 今天，我让心里充满大无畏精神。放开心胸让快乐悄然来临，用欣赏的眼光观照一切。努力去爱这个世界，相信我爱的那些人会爱我。

假如我们想拥有平和、快乐的心境，如下是规则的第一条：

当你拥有了快乐的思想和行为之后，快乐就如约而至。

2. 不要试图报复别人

爱你们的仇人，善待恨你们的人；诅咒你的人，你要为他祈福；凌辱你的人，你要为他祷告。

仇恨的情绪就是给我们的仇人摇旗呐喊的力量。这种情绪足以让我们夜不成眠、胃口大失、血压骤升，我们的健康因此而透支，快乐消逝无踪。这种情形如果让我们的仇人打听到的话，他们会多么幸灾乐祸啊！我们的苦恼、费尽心思的报复根本伤害不到仇人，却让我们自己生活在水深火热之中。

"要是自私的人想占你的便宜，就不要去理会他们，更不要想去报复。当你想跟他'扯平'的时候，你伤害自己的远比伤到那家伙的更多……"你肯定猜想到这样的话是理想主义者说的，但事实恰恰相反，这段话摘自一份由警察局发出的对外通告。《生活》杂志针对这个问题做过的调查表明，报复除了造成心理阴影之外甚至会损害你的健康。"高血压患者主要的特征就是容易愤慨，"《生活》杂志报道称，"愤怒不止的话，长期性的高血压和心脏病就会随之而来。"

《圣经》上有一句耶稣曾经对人们说过的话："爱你的仇人。"他说这话时可能不是出于道德上的考虑，而是在宣扬一种 21 世纪的新医学理论。耶稣还说过"要原谅 70 个人 7 次"的话，他是在教导现在的人们如何预防高血压、心脏病、胃溃疡等许多生理疾病。

我的一个朋友告诉我，近来他因为严重的心脏病发作，遵医嘱整日躺在床上，不管任何生气的事出现，决不能发火。这是医生们共晓的常识：心脏有问题的人，一发脾气就可能丢掉性命。就在几年前，有一个华盛顿州斯波坎城的饭馆老板就是因为生气而死去。

如果我们想要更好地改进我们的外表，我们还是可以从《圣经》上寻找训诫："爱你的仇人。"世界上有多少女人，怨恨使她们的脸长出皱纹，甚至使脸蛋变了形，连表情都僵硬了。如果能让她们的心底充满宽容、温柔和爱，那效果比让她们用各种方法美容更好。

有时候我们享受美食的好心情，也可能因为怀有怨恨而毁掉。圣人曾经说过："怀着爱心吃菜，也会比怀着怨恨吃牛肉好得多。"

也许我们不能够那么高尚，爱不了我们的仇人，但至少我们得爱护自己。每个人的快乐、外表乃至健康都不应该由仇人控制。莎士比亚说得好："不要因为你的敌人而燃起一把怒火，烧伤你自己。"为了我们自己的健康和快乐，我们至少要原谅他们、忘记他们，做一个聪明人。有一次，我直截了当地问艾森豪威尔将军的儿子约翰，他父亲会不会一直怀恨别人。"不会，"他回答，"我爸爸从来不浪费一分钟去想那些自己不喜欢的人。"

有句俗语说，不能生气的人是笨蛋，而不去生气的人才是聪明人。

伯纳·巴鲁区曾经为威尔逊、哈定、柯立芝、胡佛、罗斯福和杜鲁门6位总统做过顾问。有一次我问他，会不会因为他的敌人的攻击而难过。"没有一个人能够羞辱我或者困扰我，"他回答说，"我不让他们这样做。"

正是这样，如果我们不让他人羞辱和困扰，也没有人能够羞辱和困扰得了你和我。"棍子和石头也许能打断我的骨头，可是言语永远也不能伤着我。"

让自己去为那些绝对超出我们能力以外的理想奋斗，这是原谅和忘记那些伤害过你的人的一个有效方法。著名的黑人讲师劳伦斯·琼斯于 1900 年毕业于爱荷华大学。在大学时期，所有的老师和同学都很喜欢这个有音乐天赋、性格单纯善良、勤学好问的孩子。毕业以后，曾经有一个旅馆主动提出聘用他，也有一个有钱人愿意资助他继续学音乐，但他都拒绝了。原因是他怀有与众不同的崇高理想——他决心献身于教育工作，去教育那些和他同一种族却因为贫穷而没有受过教育的人。这个梦想源于他阅读的布克尔·华盛顿传记，因为那本书带给了他强烈的震撼，让他留下了深刻的印象。不久，他就回到距密西西比州灰克镇 25 英里的小村子——这是南方最贫瘠的地区。他把自己的手表当了 1.65 美金，然后在树林里选了一些树桩当桌子，开办了他的"露天学校"。

1918 年，就在密西西比州的一片松树林里，一件极富戏剧性的事情发生在了琼斯身上。正值第一次世界大战期间，有个毫无依据的谣言在密西西比州广泛流传，内容是说德国人正在唆使黑人发动叛乱。颇具影响力的黑人讲师劳伦斯·琼斯正是在那时被人秘密控告为教唆黑人叛变的罪魁祸首。公众在愤怒、盲目的情绪引导之下，差一点儿把他处以火刑。

控告事件的起因是一个巧合。某天，一大群白人在偶然经过教堂时，刚好听见琼斯在里面对他的听众激情地高呼着："生命，就是一场战斗！每一个黑人都要穿上他的盔甲，以战斗来求生存和求成功。"要知道，"战斗""盔甲"对于神经时刻紧绷的人们来说，已经足够列为煽动黑人反叛的证据了。于是，这些偏听偏信的年轻人，趁夜冲了出去，不久就纠集了一大伙人回到教堂里面来。他们二话不说就用绳子捆住了这位传教士，把他拖到了一英里以外，然后逼他站在一大堆干柴上面，点燃了火柴，准备行刑。就在这个最关键的时刻，有一个人站出来大声提议："在我们烧死他以前，让这个喜欢多嘴的人说些什么吧！"于是，站在柴堆上、脖子上套着绳圈的琼斯为生命和理想发表了一篇悲壮的演说。

面对着那些愤怒的、等着要烧死他的暴民，劳伦斯·琼斯告诉他们自己所做的各种奋斗：教育那些没有上过学的男孩子和女孩子，训练他们做好的农夫、工匠、厨子、家庭主妇。在演讲过程中，他谈到那些白人送给他土地、木材、猪、牛和钱，有一些白人曾经协助他建立这所学校，帮助他继续这项伟大的教育事业。

琼斯曾一度差点被暴民处死，但是当有人问他是否恨那些要将他拖出去处以吊刑或火刑的人时，他的回答是：他在忙于实现自己的理想，无暇去恨人，他关注的是去做超过他能力的大事。他说："我既没时间跟人吵架，也不会浪费时间去恨人，任何人都不能使我沦落到憎恨他的地步。"

劳伦斯·琼斯的态度是如此诚恳，人们被他打动了，即使他没有流露出为自己哀求的一点点迹象。暴民迫于那些了解他的围观群众的呼吁，态度慢慢缓和了。这时，一个参加过南北战争的老兵站出来说："这孩子说的话我都相信，他提到的那些白人我也认得。他是在做一件好事啊！是我们错了。我们要做的是帮助他，而不是将他处以极刑。"说完，老兵摘下头上的帽子，从口袋里掏出一美元放进去。帽子像长了腿似的在人群里移动，人们将募集到的 55.4 美元交到了这个差点被处死的教育家手里。

早在 1900 年之前，依匹克特修斯就指出，我们种什么因就会得什么果，但有一点始终不变——我们都要为自己所犯的过错付出代价。他说："总而言之，每一个人都要为自己的错误付出代价。谨记这一点，你就不会与任何人斗气、争吵，不会恶意辱骂他人、责怪他人，不会去侵犯他人、憎恨他人。"

如果要问美国历史上哪位总统遭受的非难、怨恨与陷害最多，恐怕非林肯莫属。但他"从来不以自己的好恶来对人妄加批判。如果要指派什么任务，他的对手也会在候选人名单之列，因为他知道自己的对手有能力把事情做好。如果一个曾经羞辱过他或对他不敬的人，却是担任某个职务的最佳人选，他一样会让此人担当重任。这跟委派他自己的朋友没有什么区别，而且他也从未因某人是他的对手或自己不喜欢此人而解除其职务"。比如被林肯委以重任的麦克里兰、爱德华·史丹顿和蔡斯，他们就曾经批评或羞辱过他，这些都有详细的记载。林肯相信，"任何人都不会因为做了什么而被赞扬，也不会因为做了什么或没做什么而被憎恨"。为什么呢？因为我们都是受到生活条件、社会、环境、教育、生活习惯和遗传因素的影响，才成了现在的样子，将来也永远是这个样子。

从小，在密苏里州那个静静的农舍里，我和家人每天晚上都会复诵从《圣经》里摘抄出来的精彩章句，并跪着齐念"家庭祈祷文"。至今回想起那一幕，仍感到非常温馨。而父亲不断重复念诵的耶稣基督的话，仿佛从遥远的时光隧道中传来，清晰地回响在我的耳畔："爱你们的仇人，善待恨你们的人；诅咒你的人，你要为他祈福；凌辱你的人，你要为他祷告。"父亲按这些话去做了，因而他的内心达到了连一些达官贵族都无法实现的宁静。

要获得一种平静、快乐的心境，请谨记下面的第二条规则：

我们永远不要试图去报复我们的仇人。一旦那样做的话，我们会深深地伤害到自己的内心。不要浪费一分一秒去想我们不喜欢的人。

3. 施恩不图回报

和她一样因忘恩、孤独或被忽视而苦恼的女性，真是数不胜数。她们渴望得到爱，但获得爱的唯一方法并不是自己去索取爱，而是无条件地、不求回报地去爱别人！

最近，我在德克萨斯州碰到了一个因职员不知道感恩而怒气冲冲的实业家。和他见面不到 15 分钟，他便忍不住将这件早在 11 个月前发生的事告诉我，一副怒气冲天的样子。不管遇到谁，他都会提起这件事，否则心里会很难受。事情的大概经过是这样的：他给 35 名职员发了总共 1 万美元的圣诞奖金，平均下来每人能拿到 300 美元，结果却没有一个人向他道谢。他异常气愤地说："早知道就一美分也不给他们。"智者曾说："愤怒的人，全身弥漫剧毒。"说的就是这类人吧。他已五六十岁了，以 80 岁为标准寿命来算，已过了生命的 2/3，身体好的话还可以活个十四五年，但他却对这件事耿耿于怀，沉浸在愤怒的情绪中无法自拔。生命在他的愤慨、悔恨中一天天消耗掉了，真替他感到悲哀！

他为什么不先稳定一下自己的情绪，去了解职员不感谢自己的原因呢？他应该先扪心自问：是不是平时付给他们的薪水太低了，而他们的工作却很辛苦？说不定他们没有把那笔钱当作圣诞奖金来看，而是作为平时努力工作的一部分回报，或者还有其他方面的原因。

另外，员工也应自我检讨一下。虽然具体情况我不太清楚，但记得西蒙·强生博士曾说过："感恩的心，是教育培养的结果，在未受教化的人身上无法找到。"

　　"遇到那些自私自利及忘恩负义的人时，我们不必感到惊讶或不安。如果没有这些人，还真不可想象这个世界会是什么样子。"这真是至理名言。抱怨别人知恩不图报，究竟错在哪里呢？是人类的本性使然，还是错在我们不了解人类的本性？施恩于人应该不求回报。如此一来，我们获得一些微小的谢意也会欣喜若狂，更不会对别人的忘恩负义耿耿于怀。

　　在此我要强调的第一点是，人类天生便容易忘记他人的恩惠。因此不要对他人的感谢心存期待，否则只会令自己极度失望，痛心不已。

　　我认识一位纽约的老妇人，她总是埋怨自己的孤独处境，以致连她的亲人都不想接近她。这一点都不奇怪，因为只要有人去看望她，她就会跟那个人细数自己年轻时如何尽心尽力抚养她的两个侄女，如何在她们患麻疹、腮腺炎或百日咳时悉心地照顾她们，让她们跟自己同住，供她们上学，帮她们找好工作，尤其是有一个侄女直到结婚才脱离她的照顾。

　　长大成人的侄女们是如何回报她的呢？她们只是偶尔象征性地去看看她，即使这样，对她们来说也是一件痛苦的事。为什么呢？因为她们总要听她那些抱怨、不满、自怨自怜的话，对此早已心存厌倦。当她的絮叨无法将侄女召至身边时，她患了心脏病。

　　她真的患了心脏病吗？医生说她是由于情绪化因素而导致心跳机能亢进，因而不能靠药物进行有效治疗。

其实那位老妇人只是渴望得到一些关爱，但却错把它当作了"索要感恩"，认为侄女们对她知恩图报都是理所当然的，把她们的给予视为自己应享的权利。

和她一样因认为他人忘恩而感觉孤独或被忽视的女性，真是数不胜数。她们渴望得到爱，但获得爱的方法并不是自己去索取爱，而是无条件地、不求回报地从自己出发去爱人！

不要认为这是不切实际的理想主义，它是人世间的真理，也是我们追求幸福的秘诀，我在家中的亲身体验可以做最好的说明。我父母一直都喜欢帮助别人，虽然穷得到处借钱，但每年都会寄钱给孤儿院。他们从未去过孤儿院，也没收到过只字片言的感谢，但他们获得的回报却是惊人的，即不求回报助人所获得的快乐。

离开父母后，每年圣诞节我都会寄张支票给他们，希望他们也能奢侈一次，但他们从不这样做。每当圣诞节前两天回家时，都会看到这样一幕：父亲被许多小朋友簇拥着，一边商量给失业在家的寡妇送些食物、燃料的事，一边沉浸在不求回报去助人所获得的快乐中。

亚里士多德所说的"理想完美者"，不正是我父亲这样的人吗？他们是最适于享受幸福的人。正如亚里士多德所说："一个理想完美者，能从施予中获得快乐。"

因此我要强调的第二点是，要想得到幸福，就别奢求回报，更不要在意别人的忘恩负义，因为施予的同时能获得快乐。

父母常常会懊恼孩子们的不知好歹。莎士比亚笔下的李尔王曾疾呼："不知感恩的子女比毒蛇的利齿更痛噬人心。"

为什么孩子们非报恩不可？父母们不都是这样抚养孩子成人的吗？原因在于：不知道感恩的孩子像丛生的杂草一样，而知道感恩的孩子如同蔷薇花，经过施肥浇水等悉心照料，用美丽的笑脸作为最好的回报。

孩子们不知道感恩，谁的责任更大？应该是我们自己。如果我们不能以身作则，培养他们有一颗感恩的心，又怎能奢求他们来报恩？

不可忽略家庭教育对孩子成长的重要性。与前面提到的那个纽约老妇人相反，费依欧拉姨妈是那种即使别人忘恩也毫无怨言的人。很小的时候，姨妈就把自己的母亲和婆婆接到一起照顾，至今我的脑海中都会浮现两位老太太坐在姨妈家壁炉前的温馨情景。对多数人而言，要同时照顾两位老人不是一件很麻烦的事吗？也许姨妈偶尔也会这么想，但她从未抱怨过。她爱她们，处处包容、照顾她们，尽可能让她们度过一个舒舒服服的晚年。另外，姨妈还要抚养6个子女。可是在她看来，照顾两位老人及孩子是应尽的义务，所以她总是表现得那么淡然、知足，毫无怨言。

费依欧拉姨妈现在的生活怎样呢？她守了20多年的寡，如今孩子们都已长大成人，争着要把她接到自己身边照顾。原因只有一个，他们深爱自己的母亲，只要是母亲的事，他们都特别关心。这是基于感恩之心吗？不是，这完全是爱的表现，是一种纯粹真情的流露。孩子们从小就在充满温暖与爱的家庭中长大，如今用爱回报母亲一点都不稀奇。

因此，我们应牢记，要让孩子们心中深植感恩的观念，首先自己得存有感恩之心。时刻注意自己的言行，对孩子进行言传身教时尤须谨慎！

比如，不可当着孩子的面说他人的坏话；收到一件礼物时，不要说："这件圣诞礼物一定是他（她）自己做的，肯定没花一分钱。"而应说："这件礼物他（她）一定花了不少心血，真是个有心人啊，得赶紧跟他（她）说声谢谢。"大人们的言行方式，孩子们容易耳濡目染地吸收。如此一来，让孩子们在潜移默化中养成赞美与感恩的习惯一点都不难。

要获得一种平静、快乐的心境，不再因别人的忘恩负义而痛心不已，请谨记下面的第三条规则：

获得幸福的唯一方法，不是奢望别人的报恩，而是体会在施予的同时获得快乐。

4. 只想着生活中 90% 的好事

生活中的很多事情，大约有90%都是好事，只有10%是坏事。想让自己快乐，只要集中精神想那90%的好事就可以了，而不去理会那10%的坏事。反之，想让自己难过、忧虑，患上胃溃疡，方法很简单：只想那10%的坏事，而不理会90%的好事。

哈罗·艾伯特是我做巡回演讲时的经理，我认识他已好多年了。一天，我在堪萨斯城碰到了他，然后他开车送我到城外的一处农庄。路上，我问他是如何得到快乐的，他就给我讲了一个令人难以忘怀的有趣的故事。

他说："以前我经常为很多事情感到忧虑，直到亲眼看见那难忘的一幕后才得以释怀，令我以后永远不再忧虑。那是1934年的某个春日，我走在韦伯镇西道提街。当时我开了两年的杂货店在一个礼拜前倒闭了，我不仅赔光了所有的积蓄，而且还欠了许多债，后来花了7年的时间才还清。我正打算去工矿银行借点钱，然后在堪萨斯城找一份事做。我像一只斗败的公鸡，垂头丧气地走在街上。接下来发生的一幕，前后不到10秒钟，却比我以往10年中学到的关于如何生活的东西要多得多。

"我突然看见迎面走来一个没有腿的人，确切地说，他不是走过来的。一个小小的木制的平台，下面安装着从溜冰鞋上卸下来的轮子，他

就端坐在那个平台上面,手持一块木板,支撑着身体向前滑动。看到他时,他刚好已过了街,挪到了比街面高几英寸的人行道上来。我们的目光不期而遇。他冲我咧开嘴笑了一下,开心地打着招呼:'先生早啊!天气真不错!是吧?'此时此刻,我感到自己是多么富有。我有健全的双腿,可以行动自如。我不由得为自己先前的想法感到羞愧起来。失去双腿的人能做到的事,我相信自己肯定也能做到。我挺了挺胸膛,本打算只去借 100 美金的,但我改变主意决定要借 200 美金;原本只是碰运气看能不能在堪萨斯城找到一份差事,现在我却有勇气说肯定会在那儿找到一份事做。后来我借到了那笔钱,也找到了一份满意的工作。

　　"现在,我家浴室的镜子上贴着这样几句话:'人家骑马我骑驴,回头看看推车汉,比上不足,比下有余。'这样,每天早上刮胡子时我都能够读到它。"

《时代杂志》上也有一篇类似的报道，主人公是一个在关达坎诺受了重伤的军官，零碎的弹片击中了他的喉部。接连输了七7次血后，他将写好的一张纸条交给医生，上面写道："我还能活吗？"医生的回答是："当然可以。"他又写了一张纸条："我还能说话吗？"医生再次给了他肯定的回答。接着他又写了第三张纸条："那我还有什么好担心的？"你不妨也这样问自己："我还有什么好担心的？"

　　你很可能发现，其实自己所担忧的那些事情，真的是微不足道。

　　生活中的很多事情，大约有 90% 都是好事，只有 10% 是坏事。想让自己快乐，只要集中精神想那 90% 的好事就可以了，而不去理会那 10% 的坏事。反之，想让自己难过、忧虑，患上胃溃疡，方法很简单：只想那 10% 的坏事，而不理会 90% 的好事。

　　英国的很多新教堂里都会刻着这么两句话："多思考，多感恩。"它们也应该铭刻在我们的心上。

　　斯威夫特创作了一本《格列佛游记》，给人们带来了快乐，但他本人却是英国文学史上最悲观的一位作家。他替自己的出生感到难过，于是每到生日那天他都会穿黑衣服，并绝食一天。在极度的绝望之中，这位悲观主义者却颂扬开心与快乐能带给人健康的力量。他说："世界上最好的 3 位医生，是节食、安静和快乐。"

　　只要我们将目光转向那些我们已拥有的、令人难以置信的"财富"上，便能每时每刻享受"快乐医生"提供的免费服务。那些你可能一直未曾审视的财富，远远胜过阿里巴巴的珍宝。试问：有人出一亿美金买你的眼睛，你愿意卖吗？你的双腿想卖多少钱呢？还有你的双手，你的耳朵，你的家庭……把这些巨大的财富加在一起，即使用洛克菲勒、福特和摩根 3 个家族所有的黄金来换它们，你也不会同意。

那么，我们是否该满足于此呢？答案是否定的。诚如叔本华所说："我们很少想到自己拥有的，却总是想到自己欠缺的。"这是人类的悲剧，其造成的痛苦可能比历史上的任何战争和疾病要深得多。

我的朋友露西莉·布莱克也曾徘徊在悲剧的边缘。她也是后来才明白应该满足于眼前拥有的，而不去忧虑自己匮乏的。

很多年前我就认识露西莉，那时我们都在哥伦比亚大学的新闻学院选修短篇小说写作。9 年前，她住在亚利桑那州的杜森城时，一场突如其来的变故降临到她的头上。她将整个事件告诉了我：

"那时我的生活非常忙乱。我在亚利桑那大学学风琴，又在城里办了一所语言学校，还在住处附近的沙漠牧场上教音乐欣赏课。我经常参加大大小小的宴会、舞会，在有星星的晚上出去骑马。某个早上，我整个人突然垮了，原因是心脏病发作。医生告诉我：'你必须在床上静养一年。'他居然没有说一些鼓励我康复的话，我有点灰心丧气。

"要在床上躺一年，成为一个废人，而且还有死掉的可能。我吓呆了。我怎么会遇到这么可怕的事？我做错了什么，必须受到这样的惩罚？我又哭又喊，满肚子的怨恨与不服，但我还是乖乖地遵照医生的嘱咐躺在床上。我的邻居鲁道夫先生是一位艺术家，他来看望我，对我说了这么一番话：'现在你可能认为要在床上躺一年是个无法承受的打击，但事实上不是。如此一来，你有足够的时间来思考，能够真正地认识你自己。在接下来的几个月中，你思想上的成长将比你以往几十年要多得多。'于是，我平静下来，打算接触一些新的价值观念。为此我看了很多启发人思想的书。一天，我听到一个无线电新闻评论员说：'你只能谈自己知道的事情。'说真的，这些话我听了不只百遍，但直到此刻才真正领会到它的内涵。我决定只保留那些能使我重新站起来的思想——快乐而健康的思想。每天早上起来，我都会强迫自己想一些开心的事：我没有任何疼痛，有一个聪明可爱的女儿，眼睛看得见这个美丽的世界，耳朵能听到收音机里传出来的优美音乐，有很多时间看想看的书、吃美味的食物，还有那么多好朋友。我非常高兴，而且来看望我的人非常多。

"那是9年前的事了，我现在非常高兴地享受着丰富多彩的生活。我不得不感谢躺在床上的那一年，那是我在亚利桑那州度过的最有意义、也最快乐的一年。从那时起，我养成了每天早上想想自己有多少开心事情的习惯，它是我最珍贵的财富。我很惭愧，直到担心自己将会死去的那一刻时，才开始思考怎样生活。"

因此，获得快乐的第四条规则是：

想想令你开心的事，而不要理会那些无谓的烦恼。

5. 寻找自我，保持本色

我要保持本色！我开始分析自己的个性，弄明白自己到底是个怎样的人，寻找身上的优点，尽可能学习有关色彩与服饰的搭配技巧，按照最适合自己的方式穿衣。

伊笛丝·阿雷德太太从北卡罗来纳州艾尔山给我寄来了一封信。她在信上说："小时候我就是一个特别敏感、腼腆的女孩子。我一直都很胖，而整张脸更是显得胖很多。我的母亲偏又是一个古板的人，她觉得把衣服穿得很漂亮是一件愚蠢的事情。她常对我讲：'宽松的衣服好穿，紧的衣服易破。'实际上她也是这样给我穿衣服的。因而我从不跟其他孩子去室外活动，不敢上体育课。我觉得自己跟别人是如此的不同，一点都不讨人喜欢。

"长大后，我嫁给了一个比我年长几岁的男人，但我一点都没有改变。丈夫一家人都很好，看起来都充满自信。他们是我一直很羡慕但又无法模仿的那一类人。我费尽心力想要跟他们一样，但我做不到。他们为了使我变得开朗，做了很多努力，但结果反而使我退缩到自己的"壳"里去。我惶恐不安，避开所有朋友，甚至害怕听到门铃声。我清楚自己是一个失败者，但更怕丈夫知道。每次跟他出现在公共场合时，我都假装很开心，但往往做得过了头，所以事后又为此难过好几天。长此以往，我觉得自己没有活下去的勇气了，甚至想到了自杀。"

后来又是什么令她由不快乐变得快乐的呢？只是一句随口说出的话而已。

她继续写道："是一句随口说出的话改变了我整个的生活。一天，我的婆婆在谈论怎样教育孩子的问题，她说：'不管事情怎样，我总要求他们保持本色。'就是这句话，使得我一瞬间恍然大悟，自己之所以一直那么苦恼，原因就在于我总是试图让自己适应一个根本并不适合我的模式。

"一夜之间我发生了彻底的改变。我要保持本色！我开始分析自己的个性，弄明白自己到底是个怎样的人，寻找身上的优点，尽可能学习有关色彩与服饰的搭配技巧，按最适合自己的方式穿衣。我主动结交一些朋友。最初我参加了一个小社团，当他们让我参加活动时，我很害怕，但随着发言次数的增加，我的勇气也一点点积聚起来了。虽然经历了很长的一段时间，但我现在获得的快乐，以前是想都不敢想的。在教育孩子时，我常将从痛苦体验中获得的启示教给他们：'不管事情怎样，总要保持本色。'"

詹姆斯·高登·季尔基博士说："保持本色的问题，像历史一样悠久，也像人生一样普遍。"不愿意保持本色，是许多精神和心理问题的潜在原因。安吉罗·帕屈写了13本关于幼儿教育研究的书和数以千计的文章，他说："没有比做除自己以外的人更痛苦的事了。"

做跟自己不一样的人，这种风气在好莱坞甚为流行。山姆·伍德是好莱坞一位重量级导演，他提到在启发一些年轻演员时遇到的最头痛的问题是——让他们保持本色，但他们一心想做第二个拉娜透纳或第三个克拉克·盖博。"观众早就厌倦了这一套，"山姆·伍德说，"最保险的方法，就是尽快摆脱那些装腔作势的人。"

最近，我拜访了素凡石油公司人事主任保罗·包延登，问他求职者最容易犯什么样的大错。他曾经和 6 万多名求职者进行过面谈，并写了一本书《谋职的六种方法》，他应该最清楚这个问题。他告诉我："求职者常犯的大错就是不保持自己的本色。他们不能坦诚地表现自己的真实面目，而给出一些他认为你想要的答案。"这只会适得其反。试问：有谁愿意接受伪君子？这就像没有人愿意接受假钞一样。

著名心理学家威廉·詹姆斯就谈到过那些没有发现自己潜能的人。他说，一般人在日常生活中只使用了 10% 的潜能。他在文章中写道："与我们的潜能相比，我们只是'半醒状态'；我们每个人只用了我们肉体和心智能源的极小一部分。扩大一点来说，一个人通常使用的潜能只等于他体内能源的一小部分。虽然我们具有各种能力，但已习惯性地忘记如何利用了。"

你我都有这样的潜能，因而我们不要再浪费一分一秒去忧虑自己在某些方面不如其他人。你是这个世界上的新事物，自万物诞生以来，没有人跟你完全一样，而直到无限的将来，也不会有跟你完全一样的人。新的遗传学成果告诉我们，你之所以为你，必定是由你父亲的 24 个染色体和你母亲的 24 个染色体结合而来的东西造就的。据阿伦·舒恩费说："每一对染色体里可能有几十个到几百个遗传因子。在某种情况下，每个遗传因子都能改变人的一生。"不错，我们就是这样"既

可怕又奇妙"的。

　　另外，当你母亲和父亲相遇、结婚后，生下你的概率也只有三十亿万分之一。也就是说，即使你有30亿万个兄弟姐妹，也可能跟你完全不同。这是凭空想象的吗？不是，我们有科学依据。

　　诚如欧文·柏林给已故的乔治·盖许文的忠告那样，"一定要保持我们自己的本色"。柏林与盖许文初次相见时，柏林已非常有名，而盖许文还是一个每礼拜只赚35美金的、出道不久的年轻作曲家。柏林非常欣赏盖许文的才华，便问他是否愿意做自己的秘书，薪水是他当时收入的3倍。但柏林接着提出忠告："但你可以拒绝接受这份工作。一旦你接受了，就可能变成一个二流的柏林。如果继续保持你自己的本色，终有一天你会成为一流的盖许文。"

　　盖许文听从了他的忠告，终于成为当时美国最富影响力的作曲家之一。

你应该为自己是这个世界上的新事物而感到庆幸，从而充分利用上帝赋予你的一切。总而言之，一切艺术都带有自传色彩，你只能演唱你自己的歌，你只能描绘你自己的画，你只能做一个由你的经验、你的环境和你的家庭所造就的你自己。不论好坏，你要打造一个属于自己的小花园；不论好坏，你都得在生命的交响乐中演奏自己最精彩的乐章。

正如爱默生在散文《论自信》中所说的："在每个人的教育过程中，他定会在某个时间领悟，羡慕即无知，模仿即自杀。不论好坏，他都得保持本色。虽然无尽的宇宙间有的是好东西，但要获得收成，除了耕作属于他自己的那块土地外，别无他法。他所有的能力是自然界的一种新能力，除自然之母外，没人知道他能做些什么，能知道些什么，而这些都要经过他的尝试才能取得。"

以上是爱默生的观点，下面是已故诗人道格拉斯·马罗区的一首小诗：

如果你不能成为山顶的一棵青松，

就做生长在山谷中的一丛小树，

但须是溪边最好的一小丛。

如果你不能成为一棵大树，

就做一丛灌木，

如果你不能成为一丛灌木，

就做一棵绿草，

让公路也有几分欢喜的颜色。

如果你不能成为一只香鹿，

就做一条鲈鱼，

但须是湖中最好的一条鱼。

我们不能都做船长，我们就做海员。

世上的事情，多得做不完，

工作有大的，也有小的，

我们该做的工作，就在你的手边。

如果你不能做一条公路，

就做一条小径。

如果你不能做太阳，就做一颗星星。

不能凭大小来断定你的输赢，

不论做什么都要做最好的一名。

要达到一种平静、快乐的心境，记住下面的第五条规则：

不要模仿别人，我们要找到自己，保持本色。

6. 忘怀自身，多关注别人

著名心理学家阿德勒常对患有忧郁症的病人说："试着每天想到一个人，想想如何使他快乐。按照这种方法去做，保准儿不超过 14 天你就能治好自己的忧郁症。"

那时，我为了写一本书，曾设了一个 200 美元的奖项，用以征集"我如何战胜忧虑"的最佳真实故事。

为了这项征文，我请了三位评委：东方航空公司总裁艾迪·瑞肯贝克，林肯纪念大学校长斯图沃特·麦克兰德，以及广播新闻分析家卡腾博恩。在收到的征文中，有两篇各有千秋，难分伯仲。最后我决定将奖金平分给它们的作者。下面讲述其中的一个故事，是有关 C. R. 波顿先生本人的。

"我 9 岁时失去母亲，12 岁丧父。母亲在某天离家后就再也没有回来，直到 7 年后才给我寄来了第一封信，我也再没有机会见到那两个小妹妹。母亲出走后的第三年，父亲死于一场突如其来的意外。他跟人在密苏里州的一个小镇合伙开了一家咖啡馆，那个合伙人趁我父亲出差时将咖啡馆转让后携款私逃了。一位朋友得知后，马上拍电报叫父亲赶快回来。慌忙之中，父亲死于一场车祸。我的两位老姑姑贫病交加，收留了我们家的 3 个小孩后，无力再收养我和弟弟了。镇上的人见我们可怜，就收留了我们。

我最怕人家把我当孤儿看，但这种恐惧是没法躲避的。我先在镇上一个穷人家寄居了一段日子，那时年景不好，那家的男主人失业了，无力再养活我。不久洛夫廷夫妇把我接到离镇子 11 英里远的一座农庄，收留了我。洛夫廷先生已 70 多岁，终年卧病在床。他跟我讲，只要我不说谎，不偷盗，乖乖地听话，我就可以长久地跟他们生活在一起。这个告诫成了我的圣经，我绝对遵守。我开始去上学，但最开始情况很糟糕。那些小朋友嘲笑我的大鼻子，说我蠢，还一个劲地叫我'小孤儿'。我难受极了，恨不得跟他们打一架。但我记得洛夫廷先生的话：'请谨记，真正的男子汉是不会动不动就跟人打架斗殴的。'我一直克制自己不要动怒，直到一天那个小男孩将鸡屎扔到我的脸上，我终于忍无可忍，将他狠狠地打了一顿。为此我还结交了几个朋友，他们也替我打抱不平。

"洛夫廷太太给我买了一顶新帽子，我喜欢极了。一天，一个比我大的女孩抢走了我头上的帽子，往里面灌了好多水。她说要用帽子装水好浇一下我的木脑袋，看我是否会变得聪明一点。

"我从不在学校哭鼻子，不过回家后就忍不住掉眼泪。一天，洛夫廷太太教给了我一个化敌为友的方法。她说：'拉尔夫，如果你先关心他们，看自己能为他们做些什么，他们就不会再捉弄你，或叫你'小孤儿'了。'我听从了她的建议。我的功课是全班最好的，但因为我经常帮助别人，所以没有人忌妒我。

"我经常帮几个男孩子写作文，还帮人撰写辩论稿。有个男孩子怕家里人知道我在帮他，每次来找我时，就跟他妈妈说他去遛狗了。他偷偷跑到洛夫廷家来，将狗拴在谷仓里，让我帮他做功课。我还帮同学写读书报告，接连花了几个晚上帮一个女生做算术题。

"后来村中接连发生了不幸，抚养我的两位老人相继离世。一位被丈夫遗弃的太太收留了我，我是这个四口之家中唯一的男性。两年来我一直在帮助几位寡妇，在上学或放学途中，我会到她们家帮忙劈柴、挤牛乳、喂牲畜。再没有人嘲讽我，人们都一个劲儿地称赞我，把我当成朋友。我从海军退役回来时，他们脸上都真诚地流露出了对我的关切。到家的那一天，有200多位邻居来看我，有人甚至驱车从80英里的外地赶回来。我发现，在我帮助别人的同时，我的烦恼渐渐地少了，13年来没有人再捉弄我。"

波顿先生真棒！他懂得交朋友之道，也知道如何消除忧虑、享受人生。

西雅图的弗兰克·卢帕博士也一样战胜了忧虑，虽然他已瘫痪了23年。西雅图《星报》的斯图尔特·怀特豪斯说："我采访过卢帕博士很多次，这世上没有比他更无私、更善待人生的人了。"

这个瘫痪的人是怎样善待人生的呢？难道他是因内心充满抱怨、忧愤而做到的吗？当然不是。那么是因为自怜，把自己当作一切事物的中心吗？肯定不是。他之所以做到了这一点，在于他一直恪守威尔斯王子的誓言："我服务于人。"他将许多瘫痪病人的姓名、地址收录在一起，写信鼓励他们。一开始他只是组织了一个瘫痪者联谊俱乐部，鼓励大家相互写信，后来将俱乐部发展成为一个全国性的社团组织。

卧病在床的他平均每年都要写下 1 400 封信，给千千万万的不幸者送去了福音。

卢帕博士不同于他人的最大之处是什么呢？在于他有一种无穷的精神力量，有一种神圣的使命感。他切身地体会到，高于自身生命的奉献

动机，能带来真正的快乐，就像萧伯纳说的："以自我为中心的人，只会一个劲儿地埋怨世界不能顺从他的心，令他快乐。"

著名心理学家阿德勒常对患有忧郁症的病人说："试着每天想到一个人，想想如何使他快乐。按照这种方法去做，保准儿不超过 14 天你就能治好自己的忧郁症。"这太令我震惊了！

阿德勒博士规劝我们要日行一善。什么是善行呢？先知穆罕默德说："善行是能给他人脸上带来欢笑的行为。"

为什么日行一善能获得这么多益处呢？原因在于要想取悦别人，就不会有时间想到自己。而产生忧虑、恐惧与抑郁的主要原因就是只想到自己。

威廉·穆恩太太在纽约办了一所穆恩秘书学校。她用不到两个礼拜的时间治好了自己的忧郁症。而实际上，由于一对孤儿的出现，她只用一天的时间。她把整个故事告诉了我：

"5 年前的 12 月份，我陷入了一种哀伤自怜的情绪中不能自拔，因为我的幸福的婚姻生活随着丈夫的离世而过早地结束了。离圣诞节越近，我越感到深重的悲伤。之前我从未一个人过圣诞节，因而我害怕这个快乐节日的来临。朋友们邀请我去他们家，但被我婉言谢绝了，因为我不想触景伤情。越接近平安夜，我越发地哀伤自怜，忘了自己还有好多值得感激的事。平安夜那天下午三点我离开了公司，一个人在第五大街上百无聊赖地游逛，希望驱散心中的阴霾。到处都是欢乐的人群，使我想起了自己的那些快乐岁月。我根本不敢想象自己一个人待在那座空荡荡的公寓会是怎样的情景，心中极度茫然，也不知道自己要干什么，眼泪无声地落下来。这样逛了一个多小时，我无意中走到了公共汽车站，想起曾和丈夫坐公共汽车去探险，便上了开过来的公共汽车。车子驶过赫德逊河后没多久，乘务员提醒我说："女士，终点站到了。"我下了车，不知道这是哪里。那是个非常宁静优美的小镇，我便沿着宅区的街道边走边逛了起来。经过一座教堂时，里面飘来《平安夜》悠扬的乐声。我走到里面，只看到一位风琴手坐在那里。我找了教友席上的一个座位坐下来，静静地看着那棵被装饰得美极了的圣诞树，聆听着耳畔回旋的优美音乐，又因为没吃东西而筋疲力尽，不多久我便睡着了。

"等我醒来时，早已忘了自己身在何方，突然有点害怕起来。然后我看到前面有两个穿得很破的小孩，他们显然是进来看圣诞树的。当中一个小女孩指着我说：'她会不会是圣诞老人带来的？'看我醒了，他们也吓了一跳。我告诉他们自己不是坏人，然后问他们的父母在哪里。他们告诉我他们没有父母，是两个可怜的小孤儿。跟他们一比照，我很惭愧。我陪他们看那株漂亮的圣诞树，又去小店给他们买了好多零食、糖果和小礼物。奇迹发生了，先前我那久久不能释怀的孤独感突然消失了，是这两个孤儿让我几个月来第一次感到了真正的关心与温暖。

"跟他们聊天后，才发现自己是多么幸运。感谢上帝，因为有父母的关心与疼爱，我儿时的圣诞节过得很开心。这两个小孩给予我的远比我给他们的要多得多。通过这件事，我深切地体会到，只有先使别人快乐，自己才会快乐。快乐是可以传递的。通过帮助别人、关爱别人，我消除了忧虑、悲伤与自怜，获得了重生。从那以后，我的生活有了惊人的改变。"

或许你现在会说："这些事算不了什么。如果平安夜遇到孤苦无依的小孩，我也会去关心他们。但我的情况跟他们都不同，我的生活平淡无奇得很。每天我要无聊地工作8小时，有趣的事情从未发生在我身上，我哪里会有兴趣去帮助别人啊？况且我干吗要帮助他们呢？对我又有什么好处？"

这些问题都很现实又尖锐，让我试着回答一下。不论你的生活多么单调乏味，每天总会遇到一些人，你怎么对待他们？是视而不见，还是想多了解他一点？比如邮差，他们每天要奔走几百里给人们送信，你是否了解过他住在哪里？是否看过他妻儿的照片？是否关心他旅途劳累或倍感枯燥乏味？

还有杂货店店员、送报人、擦鞋匠呢？他们和我们一样，也有烦恼、梦想、抱负啊！他们也想跟人分享，但我们给过他们机会吗？你对他们表示出热切的关注了吗？我说的就是这一类看似微不足道的小事。你无须在成为南丁格尔或社会改革家之后才能帮助别人。你的生活，可以从明早遇到的第一个人开始发生改变。

这样做能给你带来什么好处呢？那就是更多的快乐和满足感，更以自己为荣。亚里士多德称这种态度为"开化了的自私"。波斯宗教家所罗斯特说："对别人好不是一种责任，而是一种享受，因为它能让你健康与快乐。"富兰克

林更是一语道破："对别人好，也就是对自己好。"

纽约心理服务中心主任林克曾说："现代心理学最重要的发现，就是以科学的方式证明了，人必须自我牺牲和自我约束，才能实现自我了解并获得快乐。"

多替别人想想不仅可以少些烦恼，还可以认识更多朋友，获得更多欢乐。

下面讲到的这则故事中的女主人公现在都当祖母了。几年前我到她所在的小镇演讲，在她家住了一晚。第二天，她开车将我送到 50 英里外的火车站搭车。路上，在谈到如何交朋友时，她对我说：

"卡耐基先生，我要告诉你一件从未对任何人讲过的事，包括我丈夫在内。我家以前在费城是靠社会救济金生活的。我少女时代的一切不幸都来自家庭的贫困。那时我不能像其他女孩子一样愉快地参加社交活动，因为我衣着寒酸，不仅不合身，而且款式老土。我常常羞愧得无颜见人，多少次在哭泣中睡着。后来，我心生一计，打算在聚会上，让那些男伴讲讲他们的经历、看法及对未来的规划。我这样做的目的，并不是对这些情况很感兴趣，当时只想着怎样分散他们的注意力，让他们不注意我的打扮就行了。奇怪的是，当我听他们谈话时，不仅学到了很多东西，而且渐渐地产生了兴趣，连我自己也忘了自己的穷酸相。更令人惊讶的是，因为我总是充当一个很好的聆听者，让他们兴致盎然地谈论他们自己，他们都觉得很快乐。我竟成为最受欢迎的女孩子，那时有三位男士都希望娶我为妻。"

也许有人会说："要对别人的事感兴趣？这简直是胡扯！我可不愿意打听别人的事。只要能赚到钱，实现我所追求的目标就行。干吗要管那么多闲事？"

诚然，你有选择的自由，完全可以遵照自己的意愿去做。但你要明白一点，如果说你的观点是对的，那么耶稣、孔子、佛祖、柏拉图、亚里士多德、苏格拉底等先哲就错了。如果你对宗教大师不太有好感，那我告诉你几个无神论者的例子。首先要提到的，是当代极负盛名的学者——剑桥大学豪斯曼教授。1936 年，他在剑桥做的演说《诗之名与质》中提到：

耶稣说："人因我失去生命者，将得以永生。"这是颠扑不破的真理，也是最高的道德觉察。

我们整天听那些传教士布道，而豪斯曼教授这位悲观的无神论者却发现：一个人如果只想到他自己，是不可能获得有意义的人生的，而且他会活得很糟糕。相反，只有那些忘怀自我、帮助他人的人，才能享受到生命的快乐。

如果这也不能令你信服，那我再提到一个人物——西奥多·德莱塞，他是 20 世纪美国最杰出的无神论者。德莱塞视所有的宗教为神话，认为人生是"傻瓜讲的故事，没有任何意义"，但他却一直恪守耶稣"服务他人"的信条。他说："要想获得生命的快乐，就不能只想到自己，而应为他人着想。因为快乐产生于你为别人、别人为你。"

如果人生果真如德莱塞所说——帮助别人有益于自己，那么，我们应即刻采取行动，不要再虚耗光阴。人生不能重来，我们只能经历一次。要行善事，就从现在做起吧！

要消除忧虑，达到一种平静、快乐的心境，第七条规则是：

忘怀自身，多关注别人。

Lesson 4
不因别人的批评烦恼

1. 从来没有人会踢一只死狗

他的父亲是这样回应的：“不错，言辞过于尖刻了一点。但要知道，从来没有人会去踢一只死狗。”

1929 年，美国教育界发生了一件震惊全国的大事，全美各地的学者都赶到芝加哥瞧热闹。是怎么一回事呢？原来有个叫罗勃·郝金斯的年轻人，在短短的几年时间里不仅半工半读地从耶鲁大学顺利毕业了，而且还当过作家、伐木工人、家庭教师和服装售货员。现在，只有 8 年的社会经验，他就被任命为全美第四大名校——芝加哥大学的校长。他才 30 岁，真令人难以置信！老一辈的教育界人士都表示反对，而人们的批评更是排山倒海般地袭来：太嫩了，经验不够；教育观念不成熟……各大报纸也将矛头对准了他。

就在郝金斯上任的那一天，一个朋友对郝金斯的父亲说：“早上我看到报纸的社论在攻击你的儿子，真是吓坏我了。”

他的父亲是这样回应的：“不错，言辞过于尖刻了一点。但要知道，从来没有人会去踢一只死狗。”

说得太对了！而且狗的身份愈尊贵，踢他的人就愈有满足感。后来成为英王爱德华八世的温莎王子（即温莎公爵），他的屁股也曾被人狠狠地踢过。那时他才 14 岁，就读于英国皇家军官学院——位于帝文夏的达特莫斯学院。一天，一名海军军官发现小王子在学校的角落里偷偷地哭泣，就问他发生了什么事。他起先不肯说，后来经不住盘问，只得说了实话：他被同学们轮流踢了屁股。军官将所有的学生召集起来，首先郑重声明，小王子并没有告状，但他想知道为什么大家要踢王子的屁股。

大伙推诿了半天，见躲不过，只得说出了真相。他们希望自己将来成为皇家海军的指挥官或舰长后，可以骄傲地对人说："曾经踢过国王的屁股。"

因此，当你被人踢了，或是遭到了恶意的指责，请记住，他们之所以这样做，是因为这样能使他们获得一种自以为重要的感觉；这通常也意味着，你已是有成就的人，别人很在意你。很多人在痛骂学历比自己高、各方面比自己成功的人时，都会产生一种满足的快感。

大概没有人会认为耶鲁大学的校长是一个庸俗的人吧，而曾是耶鲁大学校长的摩太·道特却敢愤怒地斥责一个总统候选人。他说："我们将眼见自己的妻儿成为合法卖淫的牺牲品。我们会因此深受其辱，备遭打击。一旦我们的自尊和一切美的德行消失殆尽，只会人神共愤。"

这听起来好像是在怒斥希特勒，是不是？不过，这是指托玛斯·杰斐逊。托玛斯·杰斐逊？难道是那个起草《独立宣言》、为世人所称颂的托玛斯·杰斐逊？没错，骂的就是这个人。

你想想，有哪个美国名人曾被痛斥为"伪君子""大骗子"，"比杀人犯好不了多少"呢？报纸上刊登着丑化他的漫画：他站在断头台上，脖子上架的大刀正欲砍下来；他骑马经过街上时，人们围着他又喊又骂。他是谁呢？竟是美国的"开国之父"——乔治·华盛顿。

这些都是很早以前的事了，也许从那时起，人性开始有所改变。下面我们说说探险家佩瑞海军上将的故事吧，他因 1909 年 4 月 6 日乘雪橇到达北极而享誉全球。在以往的数百年时间里，无数人为到达北极而受尽了寒冷、饥饿的折磨，甚至丧命。佩瑞也差点死去——他的 8 个脚趾因冻伤而被迫割除。路上所经历的那一系列灾难，差点儿把他逼疯。但他远在华盛顿的那些同僚们却因他获得的殊荣嫉妒得发狂，诬蔑他是假借科学的名义敛财，到北极逍遥自在地旅游。他们越来越相信自己说的这些话，因为他们内心深处希望事实就是这样的。他们羞辱佩瑞的意图强烈得直到麦金荣总统出面干涉才渐渐平息，佩瑞也才得以继续进行他的研究。

如果当时佩瑞跟他的同僚一样，坐在海军总部的办公室里悠闲地工作，他还会不会遭受如此多的攻击呢？当然不会。因为那样的他没有重要到引起别人嫉妒的地步。

格兰特将军遇到的情况比上述的更糟糕。1862 年，格兰特将军领导的北军取得了第一次决定性的胜利，他瞬间成为全国民众心中的偶像，连遥远的欧洲也产生了不小的反响。战争胜利后，从缅因州至密西西比河一带，人们敲钟点火，到处一片庆祝的景象。但仅仅过了 6 个礼拜，格兰特将军就莫名其妙地被逮捕了，兵权也被剥夺。他蒙受奇耻大辱，绝望得号啕大哭。

为什么格兰特将军会在胜利的巅峰时刻被捕削权呢？最大的可能就

是他引起了那些傲慢无能的家伙们的嫉妒。

当我们因遭受不公正的批评而忧虑时，请记住第一条规则：

不公正的批评往往是一种伪装过的恭维。因为，没有人会踢一只死狗。

2. 如何使批评不能伤害你

我现在才想到，一般人根本不会关注陌生的你我，他们根本就不在意别人批评陌生人的言语，他们更多的是想到自己：从早晨到深夜之间发生的一切。在他们心中，自己鸡毛蒜皮的小事，要比别人的生死问题重要 1 000 倍。

有一次我去拜访绰号为"老锥子眼""老地狱恶魔"的史密德里·柏特勒少将。大家还记得他吗？他是统率美国海军陆战部队的将领中最富传奇色彩、派头最足的一位。

他告诉我，年轻时他拼命想成为最受欢迎的人，希望在每个人的心中留下好印象。那时候，哪怕是一丁点的批评也会令他难过万分。他坦承，在海军陆战部队服役的 30 年里，他变得坚强多了。他说："别人责骂和侮辱我，他们骂我是黄狗、毒蛇、臭鼬。我领教过那些骂人高手对我的谩骂，所有他们能想到的、写都写不出来的骂人的话，都拿来用在我的身上。这会令我感到难过吗？不，哈哈！现在要是听到有人在背后说我的坏话，我连头都不会转过去看。"

可能是柏特勒根本就不把这些攻击当作一回事。但我能肯定的一件事是，大多数人经常在一些微不足道的小事上较劲儿。很多年前，有一个来自纽约《太阳报》的记者参加我举办的成人教育班示范教学会，他在会上一个劲儿地攻击我和我的工作。当时我快气炸了，因为这简直是对我人格的一种侮辱！我实在气不过，就打电话联络《太阳报》执行委员会主席季尔·何吉斯，强烈要求他在报刊上刊登文章说明一下真相。当时，我打定主意要让那个不知天高地厚的小子受到应有的惩罚。

现在我为那次一时的冲动感到非常惭愧。我最近才明白，买那份报纸的人至少有一半不会看到那篇报道，而看到的人中又有大半只会付之一笑，即使在真正比较关注的人里面，大多数人不到几个星期就会忘得一干二净。

我现在才想到，一般人根本不会关注陌生的你我，他们根本就不在意别人批评陌生人的言语，他们更多的是想到自己：从早晨到深夜之间发生的一切。在他们心中，自己鸡毛蒜皮的小事，要比别人的生死问题重要 1 000 倍。

即使人家说我们的闲话，把我们当笑柄来对待，欺骗我们，乘我们不备时从背后捅一刀，甚至最亲密的朋友也可能出卖我们，请记住：千万不要纵容自己，一味地自叹自怜，想想耶稣基督遇到的那些不幸吧。耶稣有 12 个亲密的门徒，其中一人背叛了他，而那门徒贪图的赏金，折合成现价，仅仅 19 美金。还有一个门徒，在耶稣惹上麻烦时，拒不承认自己认识他，一边说还一边咒骂。六分之一的门徒出卖了耶稣，所以我们怎能奢望自己的情况要比他好呢？

多年前我就领悟到，虽然我不能阻止别人对我做任何不公正的批评，但我至少可以做一件事：决定自己是否要受到那些不公正批评的干扰。

让我说得更清楚一点，我并不赞成无视所有的批评，恰恰相反，我只强调不理会那些不公正的批评。有一次，我问依莲娜·罗斯福是如何对待那些不公正的批评的。天知道，她遭受了多少非难。她那些热情的朋友和强劲的敌人，可能比任何一个入住过白宫的女人要多得多。

她说小时候自己是一个害羞的女孩子，生怕别人说她什么。对批评的恐惧，使她不得不去求助自己的姨妈，也就是老罗斯福的姐姐。她对姨妈说："我想做这样一件事，但我怕遭到批评。"

姨妈正视着她说："不管别人说什么，只要你心里清楚自己是对的就行。"依莲娜告诉我，就是这一点忠告，成了她多年后入住白宫时的处事原则。她说，避免批评的最好方法，就是坚持做自己心里认为正确的事，因为不管怎么做，都会有人提出批评。"做也该死，不做也该死"，这是姨妈对她的忠告。

已故的马修·布拉许在担任华尔街 40 号美国国际公司的总裁时，我问他是否对别人的批评非常在意。他说："不错，早些年我对别人的批评非常敏感。当时我急于要让公司的每个人觉得我无可指摘，如果哪个人对我有意见，我会很忧虑，并想方设法取悦他。但我往往在讨好了他的同时，又会得罪另一个人。等我要取悦那个人时，又会惹恼其他的人。我不得不承认，我愈想讨好每一个人，避免批评，就愈使反对自己的人增多。最后我只得这样宽慰自己：'只要你出类拔萃，就定会受到批评，所以还是早些适应得好。'这样一想，以后做任何事时，我只管尽自己的能力去做好了。我撑开那把破伞，任批评的雨水顺着伞面流下去，而不是滴在我的脖子里。"

查尔斯·斯瓦伯在普林斯顿大学发表演讲时表示，他学到的最关键的一课，是一个在钢铁厂里做事的德国老头儿教给他的。那个老头儿跟他的工友因战事问题发生争执，结果被他们扔到了河里。斯瓦伯先生说：

"当他走进我的办公室时，只见他满身都是泥水。我问他见到那些把他扔进河里的人会有怎样的反应，他回答道：'我只笑一笑。'"

斯瓦伯先生说，后来他就把这个老头儿的话当作自己的座右铭——"只笑一笑"。

当你成为不公正批评的受害者时，这个座右铭相当管用。面对那些骂你的人，你可以回骂他，可是对那些"只笑一笑"的人，你能说什么呢？

林肯要是没有学会对于他人的谩骂置之不理，恐怕早就扛不住压力而倒下了。他写了一篇关于如何应对批评的文章，这篇文章成了文学史上的经典之作。二战期间，麦克阿瑟将军将其抄下后挂在总部办公室的墙上；英国首相丘吉尔也将这段话写在纸上，镶了框，挂在书房的墙上。这段话是这样的："只要我不对任何语言攻击做出反应，这件事就到此为止。我尽力而为，我将继续如此直到生命的结束。到最后，结果会证明我是对的，所有的责难都没有任何意义；反之，结果证明是我错了，那么即使有 10 位天使作证说我是对的也没有用。"

当我们受到不公正的批评时，请记住下面的第二条规则：

尽全力去做你心中认为对的事，然后撑起你的伞，不要让批评的雨水顺着你的脖子流下来。

3. 我所做过的蠢事

以前我总是把自己的过错归咎于他人，但随着年岁的增长，我渐渐明白，所有的不幸都只能由自己负责。

对于我曾经做过的那些蠢事，我都会一一记录在案。大多数情况下是让秘书帮我做笔录，而那些羞于告人的蠢行则由我自己亲自记录。之所以记录在案，一方面可以作为资料，另一方面可以审视自己。看着这些记录，多年前所做的那些蠢事，宛如就在眼前，不但帮我认识自己，而且能找到相应的处理问题的方法。老实说，我这样的"愚行记录"还真不少。

以前我总是把自己的过错归咎于他人，但随着年岁的增长，我渐渐明白，所有的不幸都只能由自己负责。许多人都会随着岁月的流逝逐渐明白这个道理。拿破仑曾说："失败全是自己的责任。我是我自己最大的敌人，也是自己不幸命运的起因。"

我向大家介绍一位懂得人生的哲学家——艾斯·豪威。1944 年 7 月 31 日，他猝死在纽约大使酒店门前。消息一传开，整个华尔街震惊了。要知道，艾斯·豪威是美国财经界的巨子，同时还担任美国商业银行及许多大公司的老板。他没有接受过什么正规教育，最初只是一名小店员，经过努力成了美国钢铁公司信用部经理，并逐渐走到了众人仰望的地位。

我曾向他请教成功之道，他告诉我："这些年来，我都会把自己每天的活动记录在案。每个周末晚上的家庭聚会，我都会单独行动。我要利用那个时间，审视一下一周以来的工作，并进行客观的评价。用过晚餐后，我独处一室，将记录在案的约会情况仔细回顾一遍，并自我诊断：'当时我犯了哪些不该犯的错误？''正确的做法是怎样的？怎样改善当时的做法？''从中要吸取什么教训？'由于是最近一周的回顾，难免会触及一些不愉快的事，当然更是对当时犯下的那些错误感到不可思议。但时间一长，诸如此类的缺点渐渐少了。这么多年来我一直坚持自省自察，终于初显成效了。"

或许他的这种做法更多的是效仿富兰克林。而富兰克林是每晚都进行自我反省，不是等到礼拜六的晚上才开始。他发现了自己所犯的 13 个严重错误，其中 3 个是：浪费时间、拘泥小事、爱挑别人毛病及与人争辩。富兰克林意识到须改掉这些缺点，于是每天自我修正的情况也被记录下来。第一个礼拜消除第一个缺点，第二个礼拜则消除第二个缺点。经过两年时间的努力，他最终改掉了那些缺点。

由此看来，他受人敬重不是毫无缘由的。"每天，我们因不晓得该做些什么而至少浪费了 5 分钟的时间。"

平庸之辈一听到别人的批评便怒气冲天，但智者会借用他人的批评督促、提升自己。惠特曼就说过："难道只能向那些夸奖你、帮助你、一味偏袒你的人学习吗？那些抗拒你、爱与你争辩的人，他们的身上不是有更多值得引以为戒的东西吗？"

不用等敌人提出非难，我们自己就应该开展严肃的自我批评，在别人揪住我们的"小辫子"之前，先找到自己的缺点并改正。

假如有人骂你是"笨蛋"，你会有怎样的反应呢？生气？愤慨？让我们看看林肯对此的反应吧。一次，林肯为讨好某个唯利是图的政客而签署了一道调动军务部长史坦顿二三连军队的命令，史坦顿当然拒不服从，并怒骂总统是"笨蛋"。结果怎么样呢？话传到了林肯的耳中，出乎意料，他非但没有生气，反而很冷静地说："史坦顿骂我是笨蛋，那我就是，因为他从不乱说话，我先去探明情况再说吧。"

几天后，当林肯见到史坦顿时，史坦顿告诉他，他下的那个命令极其错误，于是林肯便撤销了那道命令。对于善意的建议及合理的批评，林肯都能坦然地虚心接受。

我们都要乐于接受他人的批评。世上没有完美的人，行事过程中我们难保不出错。罗斯福总统入主白宫时，坦承不敢奢望自己的行为能达到 75% 以上的正确率。最卓著的科学家爱因斯坦曾说："自己的结论有 90% 都是错的。"法国思想家、著有《箴言集》的罗西福克也说过："较之我们对自己的评价，敌人对我们的评价更接近事实的真相。"

这话虽然不错，但真要有人对我们做出批评，我们的第一反应便会理所当然地采取自我防卫态度。人都有拒绝被人批评、喜欢听到赞美的感情倾向，尽管那些褒贬的公正性还有待考察。人不是感性的动物，而我们的理性，就好比那在狂风暴雨、惊涛骇浪中时浮时沉的独木舟。

不论是谁，一旦受到批评，第一反应便会全力为自己辩护。事实上，只有愚者才会这么做。当遇到批评时，我们要学会冷静，应当说："如果敌人知道我更多的缺点，肯定会把我骂得更惨。"这样不仅使批评你的人困惑不解，还能为你赢得谦虚的美名。

前面谈到如何面对别人的恶意中伤，这里要谈到另一个应对方法：如果因遭受不客观的批评而怒发冲冠时，记得跟自己说："且慢！千万别光顾着生气！我又不是完人，连爱因斯坦都说自己的结论90%都是错的，我们不太可能达到80%以上的正确率。对于批评，我应心存感激，努力使自己获得最大的益处。"

派普松公司董事长查理·拉克曼曾经花百万巨资聘请鲍伯·霍伯上广播节目，原因就是他独特、美好的品质。对于别人的来信，霍伯从来只看那些批评他的信件，因为他深知那才是推动自己改进的动力与标准。

所以要想坦然地面对批评，第三条规则是：

记录自己的愚行并自我反省、自我批评。我们不是完人，因而要不断获得公正且富有建设性的批评，以改正自己。

Lesson 5
保持充沛的精力

1. 每天如何多清醒一小时

休息并非醉生梦死，它只为让你在清醒的时候，高效地做事。

连还没毕业的医科学生，都会明白地告诉你，疲劳会使你对一般小到感冒等常见疾病的抵抗力减弱；而心理治疗家就疲劳的问题也会告诉你，疲劳同样可以降低对忧虑和恐惧等感觉的抵抗力。可以这么说，防疲劳也就防止了忧虑。

芝加哥大学实验心理学实验室主任杰克伯医生写过两本关于如何放松紧张情绪的书，分别是《消除紧张》和《你必须放松紧张情绪》。此外他还主持研究了放松紧张情绪的方法在医学上的作用这个课题。他得出一个结论：任何精神和情绪上的僵化状态，"通过完全放松之后就被彻底消除了"。换言之，只要放松任何种类的紧张情绪，忧虑便不能再持续下去。

因此，第一条针对疲劳和紧张的规则是：加大休息的频率，在疲劳之前就休息。

为什么特别强调这一点？原因是疲劳累加的速度惊人。美国陆军曾为此做过多次实验，选择了一些经过多年军事训练且性格坚强的小伙子。实验组不担负背包，每行军一小时就休息十分钟，得出的数据与对照组比较，可以发现实验组的行军速度提高很多，而且耐力持久。

实际上，我们的心脏也是以这种方式工作的。每天人的心脏搏压出来流经全身的血液，用一节运油火车车厢来装的话还有剩余。它完成的工作量，大约相当于用铲子把 20 吨煤砌成一个 3 尺高的平台。这样的工作量能持续 50 年、70 年甚至 90 年，真是让人难以置信。华特·坎农博士是哈佛医院的博士，他对此解释道："绝大部分人都被假象蒙蔽了，以为心脏是整天不停地跳动。真相却是每次收缩之后，它有一段完全静止的时间。按每分钟跳动 70 下的速度算，那么它一天的工作时间也只有 9 个小时，实际休息的时间达 15 小时。"

二战时，丘吉尔已经年过花甲，却能每天工作 16 个小时。个中秘诀在哪儿？原来他一天的工作时间都在床上进行。早上在床上看报告、口授命令、打电话甚至召开会议，这样一直到中午 11 点钟；午饭后他还要午睡 1 小时；晚餐之前，也要在床上睡两个小时。他这样做不是为了消除疲劳，而是在疲劳未产生之前就被他预先防止了。正是因为休息时间充足，所以他可以精神饱满地工作到午夜或凌晨。

约翰·洛克菲勒创造了两项惊人的纪录：一是成为世界首富，另外是活到了 98 岁高龄。既富贵又长寿，鱼和熊掌同时兼得。当然主要是因为他家族的人都很长寿，遗传因素不可忽视。另一方面恐怕要归功于他每天中午在办公室半个小时的睡眠，这段时间就算皇帝老子打电话来他也拒不接听。

丹尼尔·河西林在《为什么会疲劳》一书中写道："休息并非消极的无所事事，休息就是积极地增添能量。"

只需短暂的休息时间，就可以起到良好的恢复作用，譬如说只需 5 分钟的瞌睡，便可以防止疲劳。

康里·马克是个棒球名将，他告诉我一个经验，临赛前的中午如果没睡午觉，那么只要到第五局必定筋疲力尽。但如果能睡哪怕只有 5 分钟的午觉，就可以轻松打完全场也没有什么疲劳感。

作为美国"第一夫人"，依莲娜·罗斯福在白宫里住了 12 年，我曾问她是如何应付那推托不掉的如牛毛一样多的事务的。她回答说，假如要接见很多人，或者有系列演说需要去做，她通常会坐在椅子或沙发上闭目养神 20 分钟。

不久前我还去过麦迪逊广场金·奥维的休息室，这位世界骑术大赛的名将在那里接受了我的采访。我注意到，在休息室里有一张折叠床。金·奥维告诉我："每到下午我都要在这里躺一躺，趁两次表演的间隙睡上一个小时。早在好莱坞拍电影之时，我就经常侧靠在宽大的软席椅上，每天睡上两次 10 分钟的午觉，下午我便感到精神抖擞。"

发明家爱迪生自认为，他从那随时都可以入睡的习惯中延伸出无穷的精力和耐力。

何瑞斯·曼被评为"现代教育之父"，当他担任安提奥克大学校长时，已经上了年纪，由于体力有限，他便常常躺在一张长沙发上跟学生们对话。

我在亨利·福特 80 岁大寿时采访过他，他看起来是那样身体硬朗而且精神矍铄。我恭问他个中秘诀。他语出惊人："能坐不站，能躺不坐。"

我曾建议一位好莱坞电影导演试一试上述的方法。后来，他对我说，这些方法真的可以产生奇迹。我说的这位导演就是好莱坞最有名的杰克·查纳克。前几年，当他来看我的时候，还是米高梅公司短片部的经理，常被各种事务累得力不从心。他试过喝矿泉水，吃维生素、补药等各种方法，但是没有一点儿效果。我给他的建议是每天"度度假"。其实很简单，就是在办公室和部下召开会议时，躺着放松一下。

再次碰到他已是两年之后。他说："真是奇迹，这是我的医生说的。在试用新方法前，和部下谈论短片等种种工作问题时，坐在椅子上总让我紧张不安。现在好了，躺着开会，20 年来都没有活得这么自在过。现在即使每天再加两个小时班，我也不会感到疲劳。"

亲爱的读者，你怎么使用这些办法呢？假如你是一名打字员，你可能没有爱迪生或者山姆·高尔温那样每天在办公室里睡午觉的条件；假如你是一名会计，上司可能容忍不了你躺在长沙发上和他讨论账目问题。

但是，如果你寓居小城，中午还可以回家吃午饭，那么饭后睡 10 分钟的觉将是一个十分理想的选择。马歇尔将军正是这么做的。二战期间，军事上的事情让他非常忙碌劳顿，午休对他来说非常必要。

如果连中午睡觉的时间都没有，那么，你可以考虑一下在晚餐前睡上一个小时。至少这比晚餐前喝杯酒便宜得多。经数据统计得出的结论是，睡一小时觉所得收益超过喝酒效力的 5 467 倍。假如你能够在下午 5、6、7 点钟任选一个钟头用于睡眠，那么每天的生活就可以增加一小时的清醒时间。这是什么原因呢？答案是你在晚饭前睡的那一个小时，再加上夜里所睡的 6 个小时，共 7 个小时所得的好处，比连睡 8 个小时要多得多。

我来重申一遍：在疲劳之前就休息好，凭这就可以使你每天多清醒一小时。

2. 使你疲劳的原因

每天工作的质量是否达标，不是根据你的疲劳程度，而是看你的不疲劳程度。

下文有一个出人意料的权威事实：只使用大脑不会使你疲倦。这话听上去很荒谬，但已经被科学实验证实了。

使你疲劳的因素是什么呢？心理治疗家指出，疲劳的感觉大多是由精神和情感两种因素引起的。海德费是英国最有名的心理分析学家，在《权力心理学》中，他一语道破"玄机"："大多数疲劳的感觉，都是心理影响的直接结果。实际上，单纯由生理导致的疲劳极小。"

布列尔是美国著名的心理分析学家，他说得更为明确："坐着工作的人，在身体健康良好的状态下，让他产生疲劳的感觉可以全部归根于心理因素里情感的影响。"

是哪些因素导致疲劳的产生呢？当然是烦闷、懊恨、不受赏识的感觉，再加上无序的忙碌、焦躁、忧虑等。这些情感因素使人易受感冒病毒的侵袭，工作效率下降。而正是疲劳这种坏情绪使身体紧张。

大都会人寿保险公司曾指出："导致疲劳的三大直接原因是忧虑、紧张和情绪急躁。"

有时候在从事脑力劳动时，也会产生一些不必要的紧张。何西林说：

"可能大部分人都错误地以为，面对有挑战性的工作就得卖力去做，不然就难以做好。然后我们就犯了错误，只要一集中精力就紧锁双眉、肩膀高耸，仿佛想让所有的肌肉都用上力。但事实上，对于思考来说，这根本就毫无作用，反而容易导致精神上的疲劳。对付办法是放松、放松、再放松。"

紧张的习惯容易改吗？不，一旦染上这种坏毛病，就要花费不菲的精力把它改过来。但是这种精力是很值得的。威廉·詹姆斯在《论放松情绪》的名篇里说："美国人普遍都有过度紧张、坐立不安、表情痛苦等习惯，这些都是不折不扣的坏习惯。"紧张和放松都是一种习惯，但坏习惯应该改掉，好习惯应该发扬。

要怎样才算放松呢？是从思想方面还是神经方面着手？都不对，最先放松的应该是肌肉。最开始应该放松的是眼部肌肉，接下来依次是脸部、颈部以至身体的所有部分。

就全身最重要的器官来说，眼睛是最该放松的地方。芝加哥大学艾德蒙·杰可布森博士说，假如你真能完全放松你的眼部肌肉，那么所有的烦恼便不翼而飞。在消除神经紧张方面眼睛的作用如此明显，是因为

我们全身能量的四分之一都消耗在这上面。这也可以解释为什么眼力很好的人往往感觉"眼部紧张"，因为他们的情绪最先影响到眼睛。

女作家薇姬·贝姆

以擅长写长篇小说而闻名。她说，小时候曾遇见过一位老人，老人给她上了一生中极其重要的一课。一次，她不小心摔了一跤，膝盖碰破了，手腕也扭伤了，一个在马戏团扮小丑的老人，把她扶起来。帮她拍干净身上的灰尘之后，老人对她说："你之所以会碰伤，是因为你不知道如何使自己放松。你应该假装自己像一双袜子一样软，特别是穿旧了的袜子。好吧，让我来教你怎么做。"

老头开始教薇姬·贝姆和其他的孩子不受伤的跑跳和翻跟头的技巧，老人一直在旁边教导他们说："放松一定是在当你把自己想象成一双旧袜子之后。"

不管何时何地都可以放松，而且不需要任何力气。要想消除所有紧张与力气，只需想到放松舒适即可。最开始的时候，先训练如何放松你的眼部肌肉和脸部肌肉，不断地说："松……松……松，再放松！"直到将体力从脸部开始分散开，分布到全身各个部分。如果你能像孩子一样完全没有一丝紧张的感觉，那就成功了。

著名的女高音嘉莉古琪也曾使用过这种办法，是海伦·吉卜生告诉我的。他常常看见嘉莉古琪在上台之前坐在一张椅子上，放松全身的肌肉，以至有时下颌看起来像脱臼。此法效果通常都不错，能使她登台时没有太多的紧张和疲劳。

以下是告诉你如何放松的5条好建议：

1.首先请查阅有关这种内容的好书，这本书是大卫·哈罗·芬克博士写的《消除神经紧张》。另一本书《为什么会疲倦？》也值得一看，此书作者为丹尼尔·何西林。

2. 让自己随时随地地放松，最佳的形容是身体软得像一双旧袜子。我的办公桌上放有一双红褐色的旧袜子，以便提醒自己什么是放松的标准。如果找不到旧袜子，那你也可以去观察猫。不知你是否有把太阳底下睡懒觉的猫抱起来的经验？在你双手抱着它的腰身时，它的其他部分像湿了的报纸一样沉下去。印度的瑜伽术也鼓励人们在放松时参照猫的样子。我没看见过猫有疲倦不堪的模样，或者发疯、得风湿病、因忧虑而得胃溃疡的猫。如果你能有猫一半的放松，那么这些问题都可以避免。

3. 以舒服的姿态去工作。务必牢记，很多身体的病痛和精神上的疲劳都源于过于紧张的身姿。

4. 应该每天做 5 遍自我检查，好好想想：有没有使工作变得比实际更紧张？有没有做过皱眉头、耸肩等工作中用不着的动作？这样有助于养成放松的好习惯。正如大卫·哈罗·芬克博士所说："精通心理学的人都清楚，疲倦有 2/3 源自不良的习惯。"

5. 每晚自测一下，自问：我的疲倦有多深？这疲倦是因为过多的负面情绪的缘故，还是因为做事情的方法不对？这里重申丹尼尔·何西林的话："测评一天的成绩的，不该是工作结束后的疲倦，而是看工作后的轻松程度。假如有一天过完后我感觉很疲倦，或者内心有种空虚的感觉，那么我知道，这一天的工作的质与量都差火候。如果每个企业家都懂这个道理，那么他们当中因为神经紧绷死亡的比例会下降很多。毋庸讳言，精神疗养院里住满了因为疲劳和忧虑导致精神失常的人。"

3. 让家庭主妇青春永驻的秘方

只要能"打开天窗说亮话",其效果就相当于为心病注入一支强心剂。

就在去年秋季,我的助手飞往波士顿参加一次非同寻常的心理学实验——学科术语为应用心理学,为的是医治因忧虑而得病的人。为精神情绪所困扰的病人大多是家庭主妇。这门医学分支的诞生很有趣。

早在 1930 年,曾是威廉·奥斯勒的学生的约瑟夫·普雷特博士发现了一个这样的问题:到波士顿医院求诊的女患者中,有很多人从生理上根本找不出毛病来。有个女病人双手因"关节炎"而僵化,另一个患者则饱受"胃癌"症状的困扰,其他患头疼、腰痛等症状的患者就更多了,而且长年发作、无休无止。但使用最先进的医学仪器检测的结果是这些女病人的生理完全健康,于是医生们想:"问题出在她们的脑子上。"

普雷特博士考虑到,要她们"回家去把这件事忘掉"是不太容易的,效果也不会理想,于是他开风气之先设立了这门"应用心理学"实验班,以帮助这些女病人根除这些心理上的疾病。

一开始医学界对他的实验班怀有疑虑。但这个班开设十八年来,成千上万的人在参加实验后症状"痊愈",效果出乎意料地好。很多病人参加这个班上的课,其虔诚可以和上教堂媲美。我的助手曾和其中一位上了九年课并且几乎从不缺课的妇女交流过。她说,初来实验班时,对于自己患肾炎和心脏病的事深信不疑，而且一直为此担惊受怕地生活。她的病情有时甚至严重到突然看不见任何东西，双目失明让她不寒而栗。然而今非昔比，她觉得现在自己身体好得很，虽然孙子都出世了，她看上去却还如同40岁的样子。

她感慨万分地说："那时我几乎想到只有死才能解脱，可在这里我学习了忧虑对人严重的损害后，开始知道怎样摆脱忧虑，现在我感觉真的非常幸福。"

缓解忧虑最好的药方莫过于"向信任的人一抒心中的积郁"，就我们来说这叫作净化作用。病人在这个场合里，可以放开谈她们心中所有的不快，直到完全把这些问题驱逐出她们的大脑。郁郁寡欢会带来精神

上的极大消耗。人必须学会同荣共辱，我们遇到的困惑应该让别人分担，我们也该主动去分担别人的痛苦。必须确信世界上一定有人愿意诚心诚意倾听我们的诉说，而且能够对我们抱有深深的同情。

在实验班的现场，我的助手曾目睹一个妇女滔滔不绝发泄完心底的郁愤之后，简直就像从一场灾难中死里逃生一样的舒畅。在话题启动之初，她脸绷紧得像一个弹簧。然而随着倾诉进行，她渐趋平静。谈完之后，她脸上的微笑如阳光般绽放，这些问题是否因此获得完满解决了呢？答案是否定的，事情远远没有这么简单就被解决了。她态度发生了良性转变，仅仅是因为她找到了合适的倾诉对象，在倾诉之后获得了别人的忠告和同情。促使其中产生变化的，是倾诉和被倾诉的"场"，以及在这之中语言作为沟通工具所具有的神奇魔力。

从某种意义上来说，心理分析是建立在语言的治疗功能的基础上的。自弗洛伊德开始，心理分析治疗师就发现了一个道理，只要病人可以说话，哪怕仅仅是把问题说出来，那么就可以消解他内心的痛楚。原因是什么呢？因为表述的过程就可以使我们看清问题的症结所在，从而找到更好的解决问题的方法。虽然没有人知道最好的解决方案，但只需在人前"表露一番"或者"一吐心中郁闷"，就能使人顷刻间舒畅很多。

因此，假如我们再遇到什么情感上难以解决的难题时，最需要的是找个人倾诉。我在这里并不是暗示你在路上随便抓一个人，就把一直以来闷在肚里的苦水一股脑儿倒给他。我的意思是，一定要找一个值得自己信任的人，亲属、医生、律师等都可以，跟他约好一个时间，然后说："我有个问题，希望你能听我谈一谈，也许你可以给我一点忠告。旁观者清嘛，或者你可以向我提供解决问题的新思路。就算你暂时提不出忠告，那么如果你肯静静听我说这件事儿，我就已经很感谢了。"

就算你实在找不出可以跟你说话的人，那么去找"救生联盟"也许是一个不错的选择，而且这个组织跟波士顿课程毫无关联。这个"救生联盟"最早是专门为了防止可能发生的自杀事件而建立的。经过多年的发展，它把服务扩大到向那些自觉不快乐或者是缺乏情感方面支持的人提供精神上的慰藉。我见过那里的工作人员——萝娜·彭尼尔小姐几次，她负责和前来"救生联盟"寻求帮助的人交流。

波士顿医院所安排的课程中最主要的治疗方法大概就要数"把埋藏在心底的事说出来"了。在那个课程里我还得到如下一些建议，如果你是一个家庭主妇，只需在家中你就可以做到。

1. 提供"灵感供应"的剪贴簿，在上面你可以选出能够激励你的诗

和名人的格言。以后遇到精神不振、情绪低迷的时候，这个本子或者就是治愈心灵的良药。

2. 别只关注他人的缺点。

3. 请加倍友好地关照你的邻居。

4. 每晚临睡之前，安排好第二天的日程。

5. 放松，是避免紧张和疲劳的唯一途径。苍老外表和疲惫心灵的罪魁祸首是紧张和疲劳。

很显然，作为一名家庭主妇，一定要学会如何放松自己。在这一点上，你优于别人的地方是，只要想躺下随时都可以躺下，而且可以随意地卧倒在地。奇怪的是，坚硬的地板比装有弹簧的席梦思床垫更有利于放松自己，因为硬地板对脊椎骨有很多好处。

以下就是你可以在家里做的运动，不妨先试上一段时期，就可以看到你外表的改善了。

1. 如果疲倦袭来，就平躺在地板上，把身体尽量伸直。如果你觉得侧身更舒适也可以选择侧身，每天可以做两次。

2. 闭上双眼，按强森教授所提议的那样去想象："阳光明媚，蓝天白云，万物安宁，天人合一。"

3. 正在炉子旁做饭的你没时间躺下的话，那只需坐在椅子上，也可以得到完全相同的效果。像古埃及的坐像那样，坐在硬的直背椅子上，把双手平放在大腿上。

4. 慢慢蜷曲十个脚趾，然后，让它们平复放松；收紧你的腿部肌肉，然后，让它们平复放松。这样从下到上运动各部位的肌肉，一直到你的颈部。之后，把头部假想成一个足球，前后左右转动。要不断地对所有的肌肉默念："放松……放松……"

5. 从丹田吸气，慢慢地深呼吸以安抚你急躁的神经。印度古老的瑜伽术也不错，因为它提倡有节律的深呼吸是使情绪平定的好办法。

6. 尽量抹平脸上的皱纹，松开你紧锁的眉头，不要闭紧嘴巴。

4. 培养 4 种良好的工作习惯

让我们忙得晕头晕脑的并不是工作量太大，而是我们不了解工作量的大小以及它的轻重缓急。

第一个良好的工作习惯：清空桌上所有的纸张，只留下与手头工作相关的。你会发现工作更容易处理了，变得井井有条。

奥尔良报纸的某位发行人曾告诉我这样的趣闻：秘书帮他清理桌子，竟然从文件堆中找到一架找了两年都没找着的打字机。

桌子上堆满了信件、报告、备忘录之类的杂七杂八的物件，可使人产生混乱、紧张和焦虑等不良的情绪。最糟糕的是，它们会暗示你每天有百万件事要做，但时间根本不够，再努力做也做不完。这种糟糕的情绪足以使你患上高血压、心脏病和胃溃疡等。

罗西·舒廉斯是芝加哥西北铁路的董事长，他说："假如能把堆满文件的书桌清理干净，只留下待处理的问题，这样工作相对来说容易一些和具体一些。我管它叫料理家务，是提高效率的第一步。"

假如你有机会去华盛顿的国会图书馆，就能够在天花板上看到漆着诗人波普写的 11 个字："天国的第一条法则是秩序。"

约翰·斯托克是宾夕法尼亚州立大学医学院教授，他在美国医药学会全国大会上公布过一篇题为《生理疾病引起的心理并发症》的论文。

在此文中，他就《病人心理状况研究》这一题目列举出 11 种情况，第一种是："一种不情愿但又不得不如此的感觉，总觉得必须做的事永远也做不完。"

心理治疗专家苏廉·山德尔博士单凭这个简单的方法治愈了一位病人。

患者在芝加哥一家大公司担任高级主管，在他第一次来山德尔诊所时，内心异常紧张不安，简直面临着精神崩溃的危险。在被诊治前，他的办公室放有三张大写字台，他用全部的时间工作，但事情似乎没完没了。在与山德尔谈过后，他十万火急地回到办公室把满卡车的报表和旧文件清理掉，单单留下一张写字台，事情随来随办。于是，他心头堆积如山的忧虑就这样消失了，他的工作业绩渐渐好转，身体也恢复了健康。

查尔斯·伊文斯·休斯是前美国最高法院大法官，他说："人一般不会死于工作过度，而是死于浪费和忧虑。"

第二个良好的工作习惯：就事情的轻重缓急来安排工作。

亨瑞·杜哈提曾创办遍及全美的市务公司。他曾说，无论他支付多少薪水，也没有可能招到同时具有两种能力的人。这两种能力是：第一，富于思想；第二，可以按事情的轻重次序来做事。

查尔斯·卢克曼白手起家，短短 12 年就成了培素登公司的董事长，年薪达到 10 万美元，此外还有 100 万美元的额外收入。他说，他的成功正是因为具有亨瑞·杜哈提所说的鱼与熊掌同时兼得的能力。卢克曼说："就我能力所及，每天早上我都在 5 点钟起床，那是一天中头脑最清楚的时刻。然后详细地规划一天的工作，以事情的轻重缓急作为做事次序的标准。"

虽然，变化总是多于计划，但按先做重要事情的原则来工作，总比随心所欲地做事要好得多。

第三个良好的工作习惯：遇事当机立断，当场解决，杜绝拖延。

已故的 H. P. 霍华是我以前的学生，他曾告诉我，那时他在美国钢铁公司担任董事一职，但每次的董事会总要花费很长时间，讨论的问题很多，但能达成共识的却很少。会后，每一位董事还得带着一大包文件回家研究。

直到后来，霍华先生说服了董事会，建议一次会议只讨论一个问题，并当场得出结论，不要耽搁拖延。得出这样的决议很可能需要更多的资料，但是在讨论下一个问题前，这个问题一定能形成决议。改革的成效非常可观，所有糊涂账都算清楚了。带着大包文件回家的现象没了，因为问题拖延而产生的忧虑也不再有了。

这个办法的确很好，不仅适用于美国钢铁公司的董事会，也是你我不可多得的好办法。

第四个良好的工作习惯：学会组织、分层负责和监督。

为数不少的商人在自寻死路，他们不清楚如何把责任分摊到每个人头上，只是坚持一肩挑。结果呢，一大堆芝麻小事让他们手忙脚乱，焦虑、紧张的感觉油然而生。从事大一点事业的人，假如一直没学会如何组织、分层负责和监督，那么他在花甲之年就有可能死于心脏病。

我过去也觉得分层负责非常困难，如果有负责人起不到应有的作用，简直会带来灾难性后果。但是做上级主管的人如想避免焦虑、紧张和疲劳等不良的情绪，那就得这样做不可。

5. 怎样驱赶工作中产生的烦闷

你对工作厌烦吗？来玩个"假装"的游戏吧，或许会有意想不到的效果。

烦闷是导致疲劳的另一大原因。

爱丽丝小姐是名打字员，下班回到家中已是傍晚时分。腰酸背痛的她，浑身像散架了似的，再也没有胃口吃晚饭，只想一觉睡到天亮。就在这时，电话铃响了，男朋友在电话中邀请她去跳舞，她的眼睛顿时放出光彩，兴冲冲地换上衣服跑出门。她就这样一直跳到凌晨三点才回来，一点也没感觉到疲倦，相反，倒是兴奋得无法入睡。

我们由此可以看出，傍晚时的疲劳起因于工作的烦闷，以至于这种感觉扩散到了生活中。生活中有很多这样的人，或许你就是其中一个。

约瑟夫·巴马克博士在《心理学学报》上发表了一篇实验报告。在他的安排下，为数不少的大学生进行了一系列他们毫不感兴趣的实验工作。结果100%的学生都产生了疲倦、头疼、瞌睡甚至发脾气等症状，还有几个人胃不舒服。化验得知，在烦闷的时候，人身体的血液流动和氧化作用的速度都下降了。相反，如果工作有趣，新陈代谢就会加速。

做让我们觉得有趣的、令人兴奋的工作，疲倦就很难产生。

譬如说，前不久我在落基山的路易斯湖畔休闲，一连几天都坐在湖边钓鲑鱼。此外我还在比人高的树丛中跨越横卧在地的树枝前进了长达八个小时之久，但我没有一丝疲倦的感觉。原因是什么？因为我的心情非常好，兴致很高，而且觉得收获不少：钓到了 6 条肥硕的鲑鱼。但假如钓鱼对于我来说是件很痛苦的事，那会有些什么样的感觉呢？在海拔 7 000 英尺的高山上来回奔忙恐怕会让我筋疲力尽。

假如是你感兴趣的，即使像登山这类消耗体力的活动，也不会使你感到疲倦。有一件事能证明，这是明尼那不勒斯农工储蓄银行的总裁 S.H. 金曼先生曾告诉我的：

1943 年 7 月，应加拿大政府的邀请，金曼先生作为教练之一，参加了加拿大阿尔卑斯登山部协助威尔士军团做爬山训练。他和其他年纪大多在 42 岁到 59 岁之间的教练带领年轻的士兵进行野练。蹚过很多冰河，穿过很多雪地后，他们凭借绳索等简单工具爬上 40 英尺的悬崖。就这样经过 15 个小时的登山活动之后，那些非常健壮的年轻人（他们刚通过 6 个星期严格的军事训练）全都筋疲力尽了。

年轻人的疲劳，是因为军训把他们的肌肉练得还不够结实吗？其实只要是经受过严格军训的人都知道这种怀疑很荒谬。疲劳的真实原因是因为他们登山时所产生的厌烦感，而且这种感觉可以使士兵们等不到吃饭就睡着了。可是，教练们比那些士兵年龄大近两倍，也感到很累，但没有筋疲力尽的感觉。他们有兴致在晚饭后坐在一起闲聊一个多钟头，唯一支撑他们不致因疲倦倒下的是对登山运动的兴趣。

爱德华是哥伦比亚大学的博士，通过多次调查和实验证明："能使工作效率下降的真正原因是烦闷。"

音乐喜剧《画舫璇宫》是杰罗米·凯恩创作的，里面的主人公曾说过："能从事自己喜欢的事业的人是最幸福的。""如此一来，做的事情越多，他们体力越充沛、乐趣越多，忧虑和疲劳则可以减少很多。"

甚至可以这么说，兴趣所在就是能力所在。

以这么一位打字小姐为例：

她进入了俄克拉荷马州托沙城的石油公司工作。有一项特别枯燥的工作是她每个月都得做的，那就是填写石油销售报表。为调动工作的积极性，她想出一个不错的办法，从而把这项乏味的工作变成一份有趣的

工作。

到底是怎么做的呢？那就是每天跟自己竞赛。她统计出上午打印的数量，以便可以在下午完成；再统计第一天打印的总数，以便第二天突破它。这样一来速度一天比一天快，超过别人很多，而且把烦闷带来的疲劳赶跑了。由此节省的体力和精神也不少，休息时间和乐趣也多了很多。

我可以保证上面这个故事是真实的，因为我娶了她做妻子。

前面说的是一个姑娘的故事，这里不妨讲一个小伙子发生在几年前的故事。那件事的结果是：哈西·霍华做了一个使他的生活品质提升一大截的决定，他的决定就是把一个很没意思的工作变得非常有意思。之前他的工作的确沉闷透顶，他要在其他男孩玩球或跟女孩约会的时候，给高中福利社洗盘子、擦柜台、卖冰淇淋。就他本意来说，也很不喜欢这种工作，可又别无选择。他转念一想，这难道不是一个研究冰淇淋制作的好机会吗？这东西是怎样做成的？有些什么成分？为什么有的冰淇淋味道更美？钻研这些问题或者比卖冰淇淋本身的诱惑更强烈。

对冰淇淋化学成分的研究，使他成为他所在的高中化学学科的佼佼者。这种兴趣渐渐延伸至食物化学领域。高中毕业后他以优异的成绩考进了马萨诸塞州立大学，他研究的对象就是平常我们吃的食物与营养。纽约公司举办的关于可可和巧克力应用方面的有奖征文活动，猜猜是谁得了头奖呢？没错，正是哈西·霍华。

毕业后他发现很难找到自己喜欢的工作，于是便在他自己家的地下室开办了一家私人化学实验室，地址是马萨诸塞州安荷斯特城北乐街 750 号。刚开业，一条新法案在当局的促使下通过了：牛奶所含的细菌数目必须严格计数。所以哈西·霍华的业务扩展到为安荷斯特城 14 家牛奶公司数细菌，为了业务发展，他另雇了两个助手。

我们可以大胆假设，25 年之后，可能目前正从事食物化学实验工作的人们到了快要退休的年龄，很多后起之秀会从他们手中接过接力棒。说不定那时哈西·霍华已成为行业领袖人物。再回首那些从他手中接过冰淇淋的同学，有些人穷困潦倒，还有的失业在家、抱怨一直找不到好工作。事实上，哈西·霍华如果没有尽力发掘事情的趣味性，恐怕他也会沦落到失败的地步。

同样是在好多年前，也是一位年轻人在工厂做着没有什么挑战的工作：站在车床边上加工螺丝钉。百无聊赖的时候，他很想辞职，但是又怕找不到好工作。

反正这工作无法推托，为何不下决心把它变得很有趣呢？他下了很大的决心要超过旁边工人的产量。领班对他的生产质量和速度大为赞赏，不久就把他提升到一个较好的职位上。不过，好戏还在后头呢！多年的奋斗没有白费，他成了包尔温机车制造公司的董事长。

相反，如果他没有下决心把分内的工作变得有意思，或许到现在他仍然是一个做着乏味工作的工人。

还有一个把毫无乐趣的工作变得很有趣的成功例子，是著名的无线电新闻分析家 H. V. 卡腾堡告诉我的。

那年他 22 岁，在大西洋一艘运牲畜的船上工作，工作对象是船上运载的牲口，工作内容就是喂水和饲料。后来，他骑自行车走遍了全英国，又将法国定为下一个目标。到达巴黎时他身无分文，便把随身带的照相机当了些钱救急，然后在巴黎版的《纽约先驱报》上刊登了一个求职广告，找到了一份推销立体观测镜的工作。

他不懂法语，但挨家挨户推销了一年以后，居然赚了 5 000 法郎的工资，成为当年法国收入最高的推销员。

他是如何创造这样的奇迹的呢？

开始，他请老板用纯正的法语把他应该说的话写在讲稿上，然后背得烂熟于心。然后就去逐门逐户推销。家庭主妇开门后，他就把推销用语背给她听。每次都是这样，他带有浓重美国口音的法语使人忍俊不禁，趁此机会他就会递上实物照片。假如对方对产品的问题提问，他就耸耸肩说"美国人……美国人"，同时摘下帽子，把藏在帽子里面的讲稿指

给对方看。此情此景当然会让家庭主妇开心地大笑起来，他也跟着大笑，然后再趁机把更多的产品照片给对方看。

对于这些事情，卡腾堡承认是"说起来轻松做起来难"，甚至是非常不容易。他能挺过去，就凭一个顽强的信念：一定要把这个工作变得充满乐趣。

他记得那时每天早上出发之前，他对着镜子给自己打气："卡腾堡，要想吃这碗饭，就得做这件事。既然非做不可，那你为何不干得漂亮一点呢？假想你是一个演员，把顾客的家当作自己的舞台，下面是成千上万的观众正注视着你。而你就像演戏一样，何不演得兴高采烈呢？"

卡腾堡告诉我，正是这些原因使他每天都给自己打气，一个既恨又怕的工作变成了他喜欢的事情，结果挣得了不少薪水。

我请教卡腾堡先生："对于急于成功的美国青年，你有什么忠告可以送给他们吗？"卡腾堡先生说："可以，那就是每个清晨都跟自己赌一把。平常我们都得做一些运动，让自己的身体从半睡半醒状态中醒过来。其实我们最需要的是一些精神和思想上的运动，可以使我们每天活力四射。就是这句话：每天早上给自己打打气吧。"

千万别以为每天早晨给自己打气是一件既傻又孩子气的事情，这在心理学上非常重要。

早在1800年前，马尔卡斯·艾吕斯就在他的《沉思录》中写下了这样的话："生活是由思想造成的。"这句话放在今天也同样成立。

要不断地给自己鼓气。

假如你从工作上都得不到快乐，那就不要指望还能在别的地方找到乐趣，因为你一天大部分清醒的时间都花在工作上了。假如你能够经常给自己鼓气，从工作中创造出乐趣，疲劳感就可以很快降到最低，因此你可能会获得成功。就算不能，至少也可以减少疲劳和忧虑，拥有更多属于自己的闲暇时光。

书目